生态化水利工程设计
与河道养护

李成龙　张明璧　吴永毅　主编

哈尔滨出版社
HARBIN PUBLISHING HOUSE

图书在版编目（CIP）数据

生态化水利工程设计与河道养护 / 李成龙, 张明璧,
吴永毅主编. — 哈尔滨 : 哈尔滨出版社, 2023.7
ISBN 978-7-5484-7386-2

Ⅰ. ①生… Ⅱ. ①李… ②张… ③吴… Ⅲ. ①水利工
程－生态工程－工程设计②河道整治 Ⅳ. ①TV222
②TV85

中国国家版本馆CIP数据核字(2023)第128607号

书　　名：生态化水利工程设计与河道养护
SHENGTAIHUA SHUILI GONGCHENG SHEJI YU HEDAO YANGHU

作　　者：李成龙　　张明璧　　吴永毅　　主编
责任编辑：杨浥新
封面设计：刘梦杏

出版发行：哈尔滨出版社（Harbin Publishing House）
社　　址：哈尔滨市香坊区泰山路82-9号　　邮编：150090
经　　销：全国新华书店
印　　刷：廊坊市海涛印刷有限公司
网　　址：www.hrbcbs.com
E-mail：hrbcbs@yeah.net
编辑版权热线：（0451）87900271　　87900272

开　　本：787mm × 1092mm　1/16　印张：7.5　字数：125千字
版　　次：2023年7月第1版
印　　次：2024年1月第1次印刷
书　　号：ISBN 978-7-5484-7386-2
定　　价：58.00元

凡购本社图书发现印装错误，请与本社印制部联系调换。
服务热线：（0451）87900279

前　言

Preface

　　水利工程的发展对社会经济发展和人民生活起着重要的作用，也是一个国家综合国力的重要体现。水力发电是一种可再生的且无污染的重要能源，其发展对我们的社会生活起着举足轻重的作用，其利用的是大自然最原始的力量，相较于其他能源的开发，污染更小，对生态环境的保护更加有利，因此各国对水利工程的建设都非常重视，并投入了较多的资金。在水力发电发展的过程中，水利工程的生态环境评价是其环境效应的一个重要方面，其对于水利工程的建设与发展都起着重要的作用，环境评价可以为已经产生的问题提供一定的解决方案，对未发生的问题进行一定程度的预防，在水利工程的整个发展过程中起着监督和协调的作用，从而保障水利工程的健康发展。因此，有了科学、合理的环境评价体系的监督和指引，水利工程才能更好地发展下去。

　　河道是水资源的载体，是行洪通航的重要通道，是生态环境的组成部分，是自然景观的依托。合理、全面地提高河道养护管理水平，不仅可以使其发挥应有的作用，还可以给市民一个安全、优美的亲水环境。河道养护管理遵循"长效管理，定期养护，及时维护"和"养重于修，修重于抢"的原则，开展河道养护与维修工作。本书尝试从河道的生态养护、河道常态化清淤方面，系统整理并介绍具体的技术与管理内容，希望能够帮助读者解决若干实际问题。

　　本书首先介绍了生态化水利工程的基本知识；然后详细阐述了河道养护技术措施，以适应当前生态化水利工程设计与河道养护的发展。

　　本书突出了基本概念与基本原理，在写作时尝试多方面知识的融会贯通，注重知识层次递进，同时注重理论与实践的结合。希望可以对广大读者提供借鉴或帮助。

本书参考和引用了同行学者的著作和相关标准规范，在此谨向他们致以诚挚的谢意！限于水平，本书难免有疏漏和不当之处，敬请广大读者批评指正。

目 录

Contents

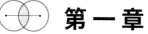

第一章 —————————

水利工程生态功能

第一节　河流流域生态安全综合评估方法

一、评估方法体系构建

（一）DPSIR模型的建立

DPSIR模型通常运用在环境测量的系统之中，同时受到了较好的评价。对河流流域生态安全的评估选用该方法能够在驱动力、压力、状态、系统影响和系统响应5个方面做出深层次的解析。

驱动力主要是从人口、社会和经济发展三个方面着手，与河流区域的发展和人类生活相结合，能够体现出两者间具有的根本性联系。压力指标主要是因为人类在生产生活中排放的生活垃圾和工业废水，这对河流的生态环境有着极其恶劣的影响，甚至是难以挽回的影响，对河流所蕴含的资源和环境造成了直接的损害。状态指标主要是通过水量、水质对河流的生态进行具体描述。影响指标是反映河流流域对人类的生命健康和社会发展有着什么样的作用。在对比陆地生态、水生态和社会生态的情况下，分析河流的作用。最后一点是响应指标，即通过人类的反馈对河流进行改造和改善，更好地实现社会价值、经济价值和生态价值。在这个过程中发现问题，并寻找切实可行的方案改变不良的局面，建立更好的生存环境。

（二）评价步骤和流程

在评价的步骤上，首先要进行的就是数据的预先处理。在环境保护上我们有一个重要的定律，就是当环境和生态质量指标形成等比关系时，环境和生态效应之间会出现等差反应。因此，我们需要得出正向型指标和负向型指标，具体的公式为：正向型指标＝现状值/标准值，负向型指标＝标准值/现状值。在完成该步骤后，我们要对各层权重进行确定。这是在AHP的群体决策模型上进行方案选择的。最后，我们要对调查的各项数据进行汇总和综合指数的计算。

二、河流生态修复评价方法

"社会—经济—自然复合生态系统理论"指出，不应孤立地研究自然资源环境退化的问题，而是应该把人类社会的进步和经济的发展与自然环境的退化统一起来，在确定社会经济发展的速度和规模的同时必须考虑自然生态系统的承载力。在研究河流生态系统退化和河流生态修复时，应首先对河流自然环境状况进行评价，以判断河流生态系统是否退化，是否退化到不得不修复的程度；然后对河流周边城市社会发展状况进行评价，以判断其是否具有足够的经济能力去支撑河流生态修复的过程。若河流生态系统状况未恶化到一定程度，就没有必要对其进行生态修复；若河流生态系统退化程度严重，但河流周边社会经济发展状况较差，没有能力支撑修复费用，也无法对河流进行生态修复。因此，应在河流生态系统退化严重且社会经济发展程度较高的区域开展生态修复，即进行河流生态修复需要满足修复必要性和经济可行性两个先决条件。

（一）指标因子的筛选

针对受损河流生态系统缺乏基础资料的现状，提出以河流生态系统退化状况为参照系统，构建定量的修复标准作为河流生态修复的期望目标，并选择层次分析法（AHP法）作为河流生态修复的评估方法。层次分析法具有所需定量数据少，易于计算，可解决多目标、多层次、多准则的决策问题等特性，其本质在于对复杂系统进行分析和综合评价，对评价的元素进行数学化分析。运用AHP法对河流生态修复进行评估时，首先分析表征河流生态系统主要特征的因素及经济可行性评价分析因素，建立递级层次结构；其次通过两两比较因素的相对重要性，构造上层对下层相关因素的判断矩阵；在满足一致性检验的基础上，进行总体因素的排序，确定每个因子的权重系数；最后确定评价标准，采用综合指数法或模糊综合评判方法进行相关计算，从而构成基于修复必要性评价和经济可行性评价分析的河流生态修复评价指标体系。

参考国内外关于河流生态环境的评估指标和现有关于经济可行性评价的研究成果，结合河南省河流现有特征，从生态修复必要性评价和社会经济可行性评价两方面共选取12个指标来构建河流生态修复的指标体系，分为目标层、因素层、指标层3个层次结构。河流生态系统受人类活动的干扰而功能受损，修复必要性评价实质上是分析河流生态系统的退化程度。由于河流生态系统囊括的范围较广，在分析河流生态系统退化的时候，需要综合考虑河流的生境因素、水文水质因素，且不能仅仅局限于河流水质的恶化，需要更进一步地分析水质恶化造成的河流生态结构的变化、河流基本功能的丧失等。选用河流生境状况和环境评价指标作为河流生态系统修复必要性的两类评价指标。

经济可行性评价主要表征经济因素对河流生态的驱动作用，反映生态脆弱地区存在的"越污染越贫困，越贫困越污染"的河流利用困局。研究经济可行性评价的目的在于了解河流生态修复的综合效益和合理程度。分析研究区域内经济发展与河流生态的关系时，既不能一味地追求经济发展而忽略河流生态的恶化，又不能一味地追求河流生态恢复而弱化经济利益的满足。因此，在经济可行性评价中选用社会状况指标和经济状况指标来进行相关的评价。

在所有评价指标中，绝对权重值最大的5个指标依次为单位GDP用水量，水质平均污染指数，水资源开发利用率，水功能区水质达标率、污水处理率，是河流生态修复评价指标体系中的关键指标。既包括修复必要性评价指标，又包括经济可行性评价指标，表明修复必要性评价与经济可行性评价的同等重要。对比因素层与目标层之间的相对权重值，可以分析出社会经济状况指标的重要性。

（二）指标评价基准

评价基准以河流生态系统功能及完善程度作为原型来确定，并参考国际标准及水质监测数据，部分指标参照国内相关研究文献。评价基准分为优、良、中、差4个级别。

为了避免不同物理意义和不同量纲的输入变量不能平等使用，采用了模糊综合评判模型，将指标数值由有量纲的表达式变换为无量纲的表达式。在模糊综合评判时，需要建立隶属函数，使模糊评价因子明晰化，不同质的数据归一化。根据河流生态修复评价指标的筛选，隶属函数分2类：

贾鲁河郑州段和周口段作为评价对象开展实例应用分析。贾鲁河是淮河流域的一条重要支流，发源于新密市，流经郑州市、开封市，最终在周口市汇入沙颍河，全长2558km，至今已有2000多年历史。河流周边城镇居民众多，是众多城市赖以生计的河流。贾鲁河流经郑州市和周口市的市区，对当地的经济发展起到重要作用。贾鲁河郑州段从贾鲁河源头处到中牟陈桥断面，有金水河、熊儿河等郑州市内重要河流汇入，接纳郑州、荥阳、新密、中牟等县市的污水，水质均为V类或Ⅳ类水水质标准；贾鲁河周口段是从扶沟摆渡口断面到贾鲁河汇入沙颍河处，接纳尉氏、扶沟、西华等县市的污水，横穿众多居民聚集区，水质均为劣V类。贾鲁河是沙颍河的主要污染源之一，河流生态系统退化程度较为严重，被列为"十二五"重点治理河流。因此，急需对贾鲁河沿境的生态退化状况的修复必要性及周边城市进行生态修复的经济可行性进行评价研究。

（三）数据收集

结合实地调查、专家咨询等方法，同时参考水利、规划等部门对于河流的定位，确定各指标的数值。

按照拟订的生态修复评价指标体系和评价模型，计算出贾鲁河郑州段与周口段的生态修复综合评价等级都是"中"，即河流水质一般，能够在一定程度上保障河流生态系统的基本功能；河流周边社会经济发展在一定程度上可以维持部分河流生态系统的修复。但分别分析修复必要性评价和经济可行性评价的评价值，贾鲁河郑州段河流生态修复综合评价数值较低，是因为河流生态系统退化严重、沿河水质恶化，但郑州市社会经济发展程度较高，能够负担一定程度的河流生态修复措施；而贾鲁河周口段生态修复综合评价数值较低，却是生态系统退化和经济发展滞后两方面共同造成的，即在河流生态系统退化程度严重的同时，城市社会经济发展也较为滞后。以修复必要性评价而言，贾鲁河郑州段与周口段重要性相当；但以经济可行性而言，贾鲁河周口段明显距郑州段有一定的差距。因此，在进行河流生态修复时，贾鲁河郑州段要比周口段更有优势。

三、评估方法体系构建

（一）DPSIR概念模型

DPSIR模型是一种在环境系统中广泛使用的评估指标体系概念模型。基于DPSIR概念模型框架，该研究将河流流域生态安全评估指标分解为驱动力、压力、状态、影响和响应5个层次。

（1）驱动力指标反映河流流域所处的人类社会经济系统的相关属性，可以从人口、经济和社会3个部分梳理指标。

（2）压力指标反映人类社会废物排放对河流流域的直接影响，包括资源压力、环境压力和生态压力。

（3）状态指标直接反映河流流域生态的健康状况，可以通过水质、水量和水生态3方面来表征。

（4）影响指标反映流域所处的状态对人类健康和社会经济结构的影响，可以从陆地生态、水环境和社会发展3方面影响考虑。

（5）响应指标反映人类的"反馈"措施对社会经济发展的调控及河流水质水生态的改善作用。

（二）指标体系构建

考虑到河流生态系统和社会、经济系统的复合性，对于河流生态安全的评估必须从社会—经济—生态复合生态系统出发。体现到指标选取上，综合评估的指标体系必须从社会经济发展、污染物排放、复合生态系统压力，以及河流水质水生态等多方面进行梳理，选取最具代表性的指标。结合对DPSIR概念模型应用于河流生态系统的分析并根据层次分析法，构建包含目标层、方案层、准则层和指标层4个层次的河流流域生态安全评估备选指标体系，在具体流域的指标使用上，需根据数据的可得性、独立性、显著性及指示性原则，同时利用相关分析和主成分分析等数学优选方法，筛选出既能够反映当地流域环境特征，又具有时间差异性的指标体系。

第二节　河流生态治理

一、河流生态修复的原则

（一）保护优先，科学修复原则

生态修复不能改变和替代现有的生态系统，要以保护现有的河流生态系统的结构和功能为出发点，结合生态学原理，以河流生态修复技术为指导，通过适度的人为干预，保护、修复和完善区域生态结构，实现河流的可持续发展。

（二）遵循自然规律原则

尊重自然规律将生态规律与当地的水生态系统紧密结合，重视水资源条件的现实情况，因地制宜，制订符合当地河流现状的建设和修复方案。

（三）生态系统完整性原则

生态系统指在自然界的一定的空间内，由于生物与环境之间不断地进行着物质循环与能量流动的过程而形成的统一整体。完整的生态系统能够通过自我调节和修复，维持自己正常的功能，对外界的干扰具有一定的抵抗力。要考虑河流生态系统的结构和功能，了解生态系统各要素间的相互作用，最大可能地修复和重建退化的河流生态系统，确保河流上下游环境的连续性。

（四）景观美学原则

河流除能满足渔业生产、农业灌溉和生活用水外，还能为人类提供休闲娱乐的场所。无论是深潭还是浅滩，无论是水中的鱼儿还是嬉戏的水鸟，都能给人带来美的享受。河边的绿色观光带也为人类提供了一幅幅美丽的画卷。因此，河流生态系统的修复，还应注重美学的追求，保持河流的自然性、清洁性、可观赏性及景观协调性。

（五）生态干扰最小化原则

生态修复过程，会对河流生态系统产生一种干扰，为了防止河流遭到二次污染和破坏，需合理安排施工期，严格控制施工过程中产生的废水、废渣。保证在施工修复的过程中，对河流生态系统的冲击降到最低，至少得保证不会造成过大的损害。

二、我国河流的现状

（一）水质恶化

随着我国经济的快速发展，我国水环境污染日趋严重，特别是河流和湖泊的污染，呈现出不断恶化的趋势。水利部对全国700多条河流展开的调查结果表明，受污染的不能用于灌溉的河段约占10.6%，属于劣V类水质，已经丧失了使用价值；属于Ⅳ类和V类的河段约占46.5%。

（二）自然河流渠道化

为了利于航行或者行洪，在河流的整治工程中，总是人为地将一些蜿蜒曲折的天然河流强行改造成直线或者折线型的人工河流，这样失去了弯道与河滩相间，以及急流与缓流交替的格局，改变了河流的流速、水深和水温，破坏了水生动物的栖息条件，也使河流廊道的植被趋于单一化，降低了植物的多样性。再加上在堤防和边坡护岸进行硬质化，虽然利于抗洪，但是隔断了地表水与地下水的联系通道，使大量水陆交错带的动植物失去生存的条件，也破坏了鱼类原有的产卵场所。

（三）自然河流的非连续化

人为的构筑水坝使原来天然的河流变成了相对静止的人工湖，导致大坝下游河段的水流速度、水深、水温，以及河流沿岸的条件都发生改变，破坏了河流原有的水文连续性、营养物质传输连续性和生物群落连续性，使沿河的水陆生物死亡，引起物种消失和生态退化。

我国在河流生态修复方面的研究较发达国家而言，起步较晚。前期的研究主要是注重河流生态系统某个方面的功能，例如对河岸植被恢复的研究，或者从水污染治理的角度去研究。因此，存在局限性和片面性，不能从整体上把握河流生态修复。但是，近些年来，我国水利方面的专家和学者们认识到了从不同的角度去开展河流生态修复研究的重要性。虽然我国起步较晚，但是发展迅速，在进入21世纪的十多年来，逐渐开展了许多研究与实践活动。在研究和实施河流生态恢复时，要立足于河流生态系统现状，积极创造条件，发挥生态系统的自我修复功能，使退化的河流生态系统逐步得到恢复。我国的河流生态修复逐渐从早期的理论研究与探讨向具体的修复技术与方法转变。

结合国内外对河流生态修复的研究现状，大家一致认同的是：河流生态修复是对水体本身及河岸带生态恢复综合治理的结果。对于我国的河流现状问题，主要是解决两个方面：遏制逐渐恶化的水质现状，恢复河流的自然状态。

三、我国污染河流的基本特征

河流是地球生态环境的重要组成部分，为人类的生存和发展提供了重要的保障。但随着经济的快速发展和人口急剧增加，河流所接纳的污废水成倍增长，已严重超过了河流自净能力所能承受的范围。因此，河流污染事件不断发生，河流生态系统严重受损，河流的使用功能丧失，尤其是与非城市化地区相比，城市河流因靠近城市，不断接纳城市废物，因此污染更加严重。总体来看，我国的河流污染具有如下特征：

（1）中小河流污染极为严重。近几十年来，我国中小河流、毛细管河道污染严重，尤其是靠近城市、乡镇的中小河流正受到多种人为因素的严重污染和破坏。这些人为因素主要包括：固体废弃物，尤其是面广量大的生活垃圾随意倾倒入河；禽畜粪尿直接入河；随着经济的不断发展，基本建设全线铺开，大量建筑渣土随意倾倒入河；原来江南水乡的农民每年冬春捞取河泥作为有机肥料使用，由于耕作体制的改变，农民光用化肥，不再利用河泥，日积月累，河床自然抬高；不少农村的中小河道，长满了原为猪饲料的外来物种水花生、水葫芦等水生植物，如今养猪不再使用；年收获季节的麦秆、油菜秸、稻草，农民不再用作薪柴，无处消化，丢弃河中，长年积累；我国水利采取分级管理，面广量大的乡、村级中小河流及星罗棋布的毛细管河道、池塘、湖泊、断头浜，名义上划入乡（镇）村管理，实际上这些水域处于无人过问、无人管理的状态；填平中小河流作为扩大工业、居住用地，造成了中小河流人为缩减。以上这些因素导致中小河流的水质从量变到质变，从清流到黑臭，最后甚至导致河流的消失。

（2）河流的自然生态系统严重退化。河流通常不是孤立的，而是参与了整体的自然水文循环过程。在城市化初级阶段，河流以自然生态系统占主要地位，污染较少，水质良好。但随着城市规模的不断扩大，人口的不断增多及经济的快速发展，人类对水资源的利用强度在不断地加大。城市的发展与水资源的不协调、水源的紧张，造成了城市水资源短缺，甚至连基本的生态需水量都无法保证。同时人类对水环境的破坏力度也在不断加大，许多河滨带被挤占，河汊溪沟被填埋，河流与市街的缓冲区也被压缩。为了美观和便于管理，大多数河流还被"渠化"和"硬化"，致使天然河流受到人工深度改造，自然生态系统严重退化。由此带来的后果是水生生物的栖息场所减少，水体的自净能力下降，水质不断恶化。

（3）污染物浓度高、种类多。河流因其具有流动能力、稀释能力和自净能力，往往成为排放污水并转嫁污染的场所。大量未经处理的工业废水和生活污水直接排入河流，导致河流严重污染，并且这种污染情况已呈现出从支流向干流延伸、从地表向地下深入、从城市向农村蔓延、从区域性向流域性发展的趋势。此外，农业生产上大量使用的化肥、农药，以及畜禽养殖过程中产生的粪便，也会随地表径流进入河流，使河流的水质进一步恶化。河流因接纳工业废水、生活污水和面源污染物而使污染物种类十分多，主要包括有机污染物、植物营养盐、重金属、病菌和病毒及热污染等。但目前江河水体主要呈现为有机污染和营养盐污染，主要超标项目是氨氮、高锰酸盐指数、化学需氧量、五日生化需氧量和挥发酚等。

（4）面源污染的影响越来越突出。河流的面源污染主要来自森林和农田等的地表径流、大气的干沉降和湿沉降、城市街道的初期雨水。虽然当前我国河流的污染源仍以点源污染为主，但随着对工业污染和城市生活污染的控制水平的不断提高，非点源污染对河流污染的影响表现得越来越突出。

（5）污染河流普遍被衬砌，河道比较顺直。蛇形河槽是水流冲刷和淘蚀的结果，是自然河流的基本特征之一。但在我国许多地方，由于用地紧张及防洪的目的，河流往往被"衬砌"和"裁弯取直"。河道的衬砌和人工裁弯取直导致河流的人工渠道化，破坏了自然河流所特有的蜿蜒性特征，改变了深潭与浅滩交错、急流与缓流交替的格局。不透水和光滑的护坡材料阻碍了地表水与地下水的连通，改变了鱼类产卵条件。这些因素的叠加，造成生物异质性下降，导致生物栖息地的质量的下降。水域生态系统的结构与功能随之发生变化，特别是生物群落多样性将随之降低，引起淡水生态系统不同程度的退化。此外，河床的人为缩短，也使附着在其上的微生物的数量减少，大大减弱了水体的自净能力。

（6）水量小，流速慢。污染河流大多属于平原河流，来水量较小，流速缓慢，因此又被称作缓流水体。缓流水体因流动性小，自净能力弱，形成了一个具有内在水交换能力较差的半封闭系统。季节的变化使水体的动力学特征明显不同：夏季水体表面在风力的作用下，迅速吸收新鲜氧气，处于好氧状态；但是由于水体下层与有氧气的密度小的变温水层分离而处于厌氧状态。秋季表层水温变冷，水体的循环可发生到水底，氧气可进入底部，底层沉积物可溶解并输送到变温层的表层。冬季和春季情况分别与夏季和秋季类似。上述停滞分层水体变为完全循环水体的连续交替现象对水体的各种生物代谢作用非常重要。浅层水体虽然没有热分层现象，但四季都可循环，促进了氧的输送，同时也使得藻类的繁殖加快。此外，缓流水体在枯水期进水量少，水体置换速度慢，淤积严重，也减弱了其自净功能。

四、人工生态湖生态建设

（一）湖体的建设

水景应尽量体现自然本色，注重生态。以仿自然的水体形态为主，配以溪流、石泉、叠瀑等，形成飞流叠瀑、迂回溪流、时起时伏、时隐时现的自然景观之效，以增添山林野趣，给人以真切的自然感受，使久居都市的人们也能有回归自然的体验；水景应与周边建筑、空间、绿化景观互相协调，和谐统一；水体大小、具体形态必须与上述环境构成要素统筹规划、布局，否则便会破坏环境空间的整体协调之美，给人以互相冲突、不伦不类之感。水景不仅具有审美价值，同样也具有生态价值。水体可增加环境空气中的负离子含量，减少夏天的热辐射，调节环境湿度和温度，应通过水景设计来增强环境的生态效应。

（二）湖水循环系统的建立

当前比较成熟的雨水收集、处理方式主要有3种：

（1）屋顶、道路广场雨水收集后，经过沉淀池、过滤池处理进入湖中。

（2）绿地雨水收集处理。是通过利用地形、地势将雨水集聚在较低洼处，透过土壤、沙、砂子组成的过滤层，进入排水管导入水生植物沉淀过滤区进湖。

（3）边坡直接汇集雨水。通常湖岸比岸边绿地低，在岸边绿地建设时多做缓坡地形，种植野牛草、细叶结缕草等地被植物。下雨时过多的雨水会顺斜坡缓缓通过细密的草坪，被缓冲过滤，最后比较洁净地流入湖中。

渗漏、灌溉绿地、冲洗广场道路、溢出是湖水输出的主要方式。抽取水源充足的湖水浇灌绿地、冲洗道路广场是最值得推广的节约型园林管护方式；抽取水源充足、防渗效果强的湖水加以利用作用更大。在加速水体循环、提高水质的同时，再次利用湖水要比地下水、自来水更节约，是对地下水或自来水的二次利用。二次利用湖水是最经济的运营方式。

人工湖建成使用后，要对不同时期、不同季节的湖水输入量、输出量进行测定，并进行平衡分析，通过人工调配的办法保持湖水的相对动态平衡。必要时启动水循环设施、水过滤设备，以便使水景效果、水质始终保持在最佳状态。

（三）水质处理措施

目前人工湖的建设，一般只考虑景观手法和文化表现，不太考虑水质治理问题，因此建设与治理很少同步考虑。但由于一般人工湖没有按自然水理建设，大多是一个基本封闭的系统，自净能力较差，且其内部结构不合理，加上外来物质的输入，随着时间的推移必将产生富营养化，最终使部分乃至整个湖水质变差，严重影响水体美观。

1.水体污染的原因

造成藻类滋生的条件如下。一是水体中富含氮磷元素。绿化管护工作中使用各种化肥，促进植物健壮生长。残留的未被植物吸收的氮磷随绿地地表径流进入湖中。氮、磷物质在水体中被水生生物吸收利用，或在底泥中沉积，或以溶解性盐质形式溶于水中。二是缓慢的水流流态、流速、浅水。三是适宜的水温造成水体富营养化，促进各种水生生物，特别是藻类异常繁殖和活性，造成水体透明度下降。因此，藻类滋生是影响水质的主要原因。

2.治理藻类的应急方法

物理方法：如挖掘底泥、注水冲稀、换水、循环过滤等。前3种方式需要更换大量的水，对水资源相当匮乏的地区，势必浪费宝贵的水资源。与引水、换水相比较，循环过滤虽然减少了用水量，但日常的电能耗费增加了，同时也增加了设备的日常维护保养费用。化学方法：投加化学灭藻剂，杀死藻类。常用的药剂有硫酸铜、漂白粉、明矾、硫酸亚铁等，虽然效果是立竿见影，但它的危害也是显而易见的，久而久之，水中会出现耐药的藻类，灭藻剂的效能会逐渐下降，投药的间隔会越来越短，而投加的量会越来越多，灭藻剂的品种也要频繁地更换，对环境的污染也在不断增加，而这种污染也会影响我们的后代。

3.水生生态系统的生物修复

水体污染的实质就是生态失衡。湖水污染后，仅靠水体原有的生态系统难以完成自净，而应急措施弊病较多，且只能暂缓水体的恶化速度，因此需要科学、合理地对原有的生态系统进行修复和加强。水体中营养物质的去除难度较高，至今没有任何单一生物学、化学和物理的措施能够彻底去除废水中的氮、磷等营养物质。最理想的防治方法是生态治理与物理方法结合。

水生植物包括沉水植物、浮叶植物、漂浮植物、挺水植物、湿地植物等。利用水生生物吸收氮、磷元素进行代谢活动去除水体中氮、磷营养物质。水生植物净化水体的特点是以水生植物为主体，植物和根区微生物共生，产生互利共生作用，净化污水，经过植物吸收、微生物转化、物理吸附后沉降作用除去氮、磷和悬浮颗粒。如可以在岸坡或浅水区种植芦苇、香蒲、千屈菜、荷花、睡莲等湿生、沼生植物，形成环湖的过滤带，对地表净流入的水起到缓冲沉淀作用，阻拦并吸收、转化、积累输入的部分有机质及营养盐，再通过收割利用移出水体，有利水体自净，营养盐收支平衡，防止水体富营养化，抑制藻类繁殖。

为更好地发挥这些水生植物的作用，可以适时向湖中投洒有益微生物，如光合菌，它能快速、彻底地降解水中有害氨基氮、亚硝基氮，消除硫化氢等有害物质，并能高效分解水中有机物、排泄物，净化水质。水生植物为微生物提供并扩大了供附着的基质、表面和氧气，供微生物氧化分解有机质。另外，微生物分解后的有机质为植物提供了养料。水生植物与微生物的互利共生作用有效地促进了水中有机质和营养盐的迁移、转化和输出。要强调的是生物药剂的投加是非连续的，仅在水体趋于恶化时进行，用于紧急修复水体。

湖泊生态系统抑藻主要是通过生态系统内部的调节机制，如某些生物的抑藻作用，控制湖泊藻类数量，以降低由于藻类数量的增加所造成的湖泊生态系统恶化。从宏观长远的角度考虑，通过合理延长食物链，用生物调控办法，达到新的水生生态平衡更加稳定、经济、环保。针对湖中藻类繁殖和水草生长等情况，在水体中放置适当的蚌类、河虾、河蟹、螺蛳、鱼类等水生动物，可以有效去除水体中富余的营养物质，如蚌类可以将水中悬浮的藻类及有机碎屑滤食，以提高湖水的透明度；螺主要摄食固着藻类，同时分泌促絮凝物质，使湖水中悬浮物质絮凝，促使水变清；滤食性鱼类，如鲢鱼、鳙鱼等可以有效滤食水体中的绿藻类物质、浮游生物，使水体的透明度增加；虾等大量的端足类动物能够分解水藻、动物尸体，有利于提高湖的自净能力，维护水体清澈。因为人工湖的水域面积大，可能会成为蚊蝇等害虫的滋生场所，可以适量投放鲤鱼、鲫鱼等杂食性鱼类，使其摄食这些害虫的幼虫，调控底栖动物数量的增长，避免水域对周围环境的危害。当水生植被过密时，适量投放草鱼，去除与转化过多水草。适量放养的水生动物或直接地、间接地以水生植物为食，或以水生微生物为食，延长了生物链，能有效地维护水生生态平衡，增强生态系统的稳定性，改善水质和生态环境，同时还可以增加经济收益。湖泥中沉积了大量有机质、盐类及其他杂质物，不利于良好水生生态环境的维持，必须适时清理。通常在低水位的早春或深秋季节，大量湖泥在沉淀区沉淀、暴露，非常便于清除用作草坪的覆土、水生植物基质等，既便捷效果又好。

五、河流生态治理效果

（一）恢复河流自然蜿蜒特性

天然的河流一般都具有蜿蜒曲折的自然特征，所以才会出现河湾、急流、沼泽和浅滩等丰富多样的生境，为鱼类产卵及动植物提供栖息之所。但是，人类为了泄洪和航运，将河道强行裁弯取直，进行人工改造，使自然弯曲的河道变成直道，破坏了河流的自然生境，导致生物多样性降低。因此，在河流生态修复的过程中，应该尊重河流自然弯曲的特性，通过人工改造，重塑河流弯曲形态。还能修建弯曲的水路、水塘，创造丰富的水环境。

（二）生态护岸技术

生态护岸是一种将生态环境保护与治水相结合的新型护岸技术。主要是利用石块、木材，多孔环保混凝土和自然材质制成的亲水性较好的结构材料，修筑于河流沿岸，对于防止水土流失、防止水土污染、加固堤岸、美化环境和提高动植物的多样性具有重要的作用。生态护岸集防洪效应、生态效应、景观效应和自净效应于一体，不仅是护岸工程建设的一大进步，也将成为以后护岸工程的主流。因为生态护岸除能防止河岸坍塌外，还具备使河水与土壤相互渗透、增强河道自净能力的作用。透水的河岸也保证了地表径流与地下水之间的物质、能量的交换。

（三）改善水质

改善河流的水质状况是河流生态修复的重点。一般有物理法、化学法、生态与生物结合法。其中，生态与生物结合法是比较常见的，也是最普遍、应用最广泛的方法。生态与生物结合法主要有人工湿地技术、生物浮岛技术和生物膜技术等。

1.人工湿地技术

人工湿地技术是为了处理污水，人为地在具有一定的长宽比和坡度的洼地上，用土壤和填料混合成填料床，使污水在床体的填料缝隙中流动或在床体表面流动，并在床体表面种植具有性能好、成活率高、抗水性强、生长周期长、美观，以及具有经济价值的水生植物的动植物生态体系。它是一种较好的废水处理技术，具有较高的环境效益、经济效益和社会效益。

2.生态浮岛技术

生态浮岛是一种针对富营养化的水质，利用生态工学原理，降解水中的COD、氮、磷的含量的人工浮岛。它能使水体透明度大幅度提高，同时水质指标也得到有效的改善，特别是对藻类有很好的抑制效果。生态浮岛对水质净化最主要的功效是利用植物的根系吸收水中的富营养化物质，例如总磷、氨氮、有机物等，使得水体的营养得到转移，减轻水体由于封闭或自循环不足带来的水体腥臭、富营养化现象。

3.生物膜技术

生物膜法主要是根据河床上附着的生物膜进行进化和过滤的作用。人工填充填料或载体，供细菌絮凝生长，形成生物膜，利用滤料与载体较大的比表面积，附着种类多、数量大的微生物，使河流的自净能力大大增强。

（四）河流生态景观建设

河流生态景观建设是指在河流生态修复过程中，除致力于水质的改善和恢复退化的生态系统外，还应该使河流更接近自然状态，展现河流的美学价值，注重对河流的美学观赏价值的挖掘。在修复河流的同时，也为人类提供了一片休息娱乐的地方。

随着人们对河流认识的加深，关于河流治理的呼声越来越高。我国在河流生态修复方面还处于技术研究的阶段。因此，还需要在河流修复实践过程中不断地积累经验，逐渐形成完善的河流生态修复体系，最终实现河流的生态化、自然化。

六、河流生态治理措施

（一）修复河道形态

修复河道形态，即采取工程措施把曾经人工裁弯取直的河道修复成保留一定自然弯曲形态的河道，重新营造出接近自然的流路和有着不同流速带的水流，恢复河流低水槽（在平水期、枯水期使水流经过）的蜿蜒形态，使河流既有浅滩，又有深潭，造成水体多样性，以利于生物多样性。

（二）采用生态护坡

1.植物护坡

采用发达根系植物进行护坡固土，既可以固土保沙，防止水土流失，又可以满足生态环境的需要，还可以进行景观造景，在城市河道护坡方面可以借鉴。近年来，一些发达国家利用水力喷播的方法在人们常规方法难以施工的坡面上植草坪。使用种子喷射机将种子、肥料和保护料等一齐喷上边坡。与传统植草方法相比，具有可全天候施工、速度快、工期短的优势，成坪快，减少养护费用，不受土壤条件差、气象环境恶劣等影响。

2.抛石、铺石护坡

抛石护坡是将石块或卵石抛到水边而成的最简单的工程，洪水时可以用天然石所具有的抵抗力来保护河岸。另外，抛石本身含有很多孔隙，可以成为鱼类及其他水生生物的栖息场所。铺石是将天然石铺于坡面，令石块互相咬合以保护坡面。一般用于急流处，但是缓流处若洪水时间较长，也可以用铺石护岸。石块和石块之间不用水泥填缝，其水下部分成为水生生物的栖息所，陆地土砂堆积也成为昆虫和植物的生育场所。这种护坡形式在北京转河得到了充分利用，不仅有利于安全，有利于两栖动物的出行，更加有利于冬季防冰。结合水生植物种植，凸显自然生态感。

3.新素材、新工法在生态护坡中的应用

袋装脱水法：将施工时产生的河底淤泥淤土装入大型袋子里，在现场脱水、固化，然后整袋不动地用作回填土或护岸。袋子材料要用植物扎根时可通过的，以期成为植物的生长基土。袋装卵石法：将卵石或现场产出的混凝土弃渣装入用特殊网制成的袋中。由于具有多孔性，故其水下部分作为鱼类的居栖之所。这些泥土或混凝土弃渣，一般都是作为废弃物处理的，此时作为新型材料加以应用，不仅美化了自然环境，而且减轻了环境负担。

第三节　我国河流管理政策评估

一、我国河流管理政策发展现状

人类对河流的过度开发利用引起了严重的水环境和水生态问题，不仅影响河流自身的健康，也削弱了河流对经济社会的支撑能力。为满足河流生态系统健康和可持续发展的要求，并满足人类社会对河流环境的需求，我国对长江、黄河、珠江、淮河等七大流域加大管理力度，各地方出台政策，对行政区划内的河流进行开发与保护。

　　然而，当下我国河流的管理水平和管理政策却是相对滞后的。虽然政府花巨资对一些重点河流展开了生态环境整治，但这些河流保护与管理行为往往强调对水体资源功能的开发和水害的防治，对河流生态系统的复杂性缺乏研究和了解，从而导致我国河流管理政策尚存在较多不足和缺陷。新的水生生态系统概念表明河流具有完整的生态功能，这些功能和用途与水力学、水文学、水质、生态学等都有关，所以急需一种更全面的管理方式，将河流生态系统作为一个功能整体包括其用途的管理模式。

二、我国河流管理政策效益评估

（一）对河流本身水质状况及其生态环境的影响

　　河流自身的水质状况及其生态平衡是河流保护的目标，同时也是河流管理政策评估的主要目标群体。我国河流管理呈现"多龙治水"的格局，即把一条完整的河流分割成不同的段落，由不同的区域行政主管部门依据辖区河流流经范围制定具体管理政策条例。以澜沧江为例，其发源于青海省，流至西藏东部重镇昌都，然后南下进入云南省，在云南省内流经迪庆、怒江等8个地州后出境。这种分而治之的方式割裂了河流的整体性，一旦某一行政区域管理疏忽或管理不力，会对整个河流的生态环境造成影响。

（二）对流域内居民和景观的影响

　　河流流域内的居民是河流管理政策评估的重要非目标群体之一，河流管理最终会反映到流域居民的生产、生活及生命安全上。目前，我国河流管理政策能够明显体现对流域居民产生影响的方面集中于大坝建设库区。虽然对于在澜沧江上修建水坝而引发的一系列问题政府部门做了不少补救工作，但还是产生了不可挽回的影响。移民人均耕地数量减少，种植作物种类也相应变化，导致建坝后粮食产量低于建坝前水平。库区因土地资源大幅度减少，农户不得不减小养殖规模，故淹没后农户经济收入总体上呈现下降趋势。

　　河流流域范围内的生态景观和人文景观是河流管理政策评估的另一非目标群体。目前，我国主要是将河流流域内涉及的资源类开采与生产性开发结合起来，河流在其中起到统领贯穿的作用。但在实际发展中，各行业重视经济效益而淡化生态效益，导致河流管理中的流域管理政策难以发挥作用。以澜沧江为例，流域内生物物种丰富，水能资源储量巨大，矿物资源种类繁多。同时，它为至少7000万人口提供了生活的基本来源，孕育了多种独特的文化。然而，随着经济的快速发展，澜沧江流域生态系统面临着巨大威胁。森林退化、土壤侵蚀和流失，泥沙沉积加重，造成了关键生态系统破碎化和污染，野生动植物栖息地的破坏及水资源污染，改变了澜沧江流域水资源的自然生态过程。

由此可见，当前河流管理政策在一定程度上是以牺牲沿岸居民生活、生产条件而造福流域居民社会的，是以改变河流河道景观来带动各产业发展的，其间隐含的资源协调分配问题急需解决。

（三）对地区经济发展的影响

人们可以利用河流发源地与流经地的水流落差来集中发电，也能利用河道的宽窄深浅实现不同的航船运输，同时水质较好的河流还可以提供丰富的鱼类资源。我国在河流的管理开发中，主要充分利用河流的水能发电及航运价值，以改善整个社会的经济状况。澜沧江流经地均为我国相对落后的区域，但其流经地区地势落差大，水量十分充沛，对此河流水能的开发可为落后地区带来经济效益。据统计，澜沧江云南省境内流域已建成的3座电站每年可创造几十亿的经济价值，为云南省的发展奠定了坚实基础。而澜沧江上水电站所产出的电力还将输送到广东等用电大省，也为珠三角的经济发展做出了贡献。

由此可见，我国的河流管理政策在现阶段对国家地区经济效益的提高具有明显的促进作用，特别是位于我国绝大多数河流发源地的西部地区，充分挖掘河流资源蕴含的巨大潜力，能够加速西部贫困落后地区的发展。

（四）对未来社会可持续发展和国家安全稳定的影响

水是生命之源，因此河流的管理政策是涉及人类社会可持续发展的重要课题。人类社会对河流的管理大概可以分为四个阶段：

（1）早期以防洪和灌溉为主的初级管理阶段。

（2）随着生产力的发展，进入对河流的全面开发阶段。

（3）以治污和改善水环境为主的河流保护与修复阶段。

（4）以水生态系统恢复为主的流域综合治理阶段。

三、改善和建议

（一）河流流域规划下的行政区划分工

河流自身的整体性及其影响的广泛性，使得我们应该以河流流域管理为出发点，围绕大江大河流域本身形成的一个个完整的生态系统，进行水资源的开发、利用和保护。这一改变能够更好地协调河流利益相关者，减少局部性的破坏和污染对整条河流的影响。当然，强化以河流流域为单位的管理，其政策的制定和执行需建立必要的法律和制度保障，特别是受益者补偿原则的落实，如此尽可能减少上游开发、下游获益的矛盾。

（二）适速开发，生态为先

我国目前的河流管理多以开发利用为导向，这在经济层面上看确实有利于地区的发展，但河流一旦陷入污染严重、生态破坏的境况，其治理恢复所需要的成本和时间远远超过开发所需。因此，我国应该建立起一套河流评估体系，对河流进行体检评定，按重要程度分出等级，依次开发，对当前没有必要马上利用的河流形成更有针对性的保护。

（三）内流河与外流河的分级管理

内流河最重要的影响范围是在国家（地区）内部，外流河在兼有内流河作用的同时，其影响范围又扩大到了周边国家（地区）。这在一定程度上增加了河流利益相关群体的数量，使得河流管理难度上升，因此需要更为完善的政策来平衡各方利益。我国现阶段河流管理政策中，尚未明确针对外流河提出管理，因此在跨境灾害出现时容易引发领国的不满，也未能在管理流经本国境内的河段中予以重视。如果在河流管理中能针对外流河的特点加入国际考虑因素，将会利于保护河流资源和提升国家安全。

第四节 河流生态需水计算方法研究

一、水文学法

水文学法是以水文数据为基础的生态需水计算方法，其最大优点是不需要进行现场测量，宜用在对计算结果精度要求不高，并且生物资料缺乏的情况，如在规划项目中。代表性方法有以下2种。

（一）蒙大拿法（Tennant Methods）

蒙大拿法是美国的DonaldLeroy Tennant对大西洋与Rocky山之间Mason-Dixon一带上百条河流，经过多年的研究总结出来的。该方法通常在研究优先度不高的河段中作为河流流量推荐值时使用，或作为其他方法的一种检验。该方法提出的河流流量推荐值是以预先确定的年平均流量的百分数为基础的。10%年均流量是对大多数水生生物物种维持短期生存生境推荐的最小瞬时流量，30%年均流量是维持多数水生物种良好生存生境的所推荐的基本流量，60%年均流量是为多数水生物种最初开始生长所需要优良生境所推荐的基本流量。

该方法的优点是不需要现场测量。在使用该方法前，应弄清该方法中各个参数的含义，在流量百分数和栖息地关系表中的年平均流量是天然状况下的多年平均流量，其中某百分数的流量是瞬时流量。

（二）流量历时曲线法

流量历时曲线法利用历史流量资料构建各月流量历时曲线，将某个累积频率相应的流量（Q_p）作为生态流量。Q_p的频率可取90%或95%。Q_{90}也可根据需要做适当调整，为通常使用的枯水流量指数，是水生栖息地的最小流量，为警告水资源管理者的危险流量条件的临界值；Q_{95}为通常使用的低流量指数或者极端低流量条件指标，为保护河流的最小流量。这种方法简单快速，不需要现场探测，只需要河流各个水文站点的历史流量资料，但对资料要求较高，一般需要30年以上的流量系列。

二、水力学法

水力学法是根据河道水力参数（如河宽，水深、断面面积、流速和湿周等）确定河流所需流量，代表方法有湿周法、R2Cross法等。

湿周法是通过河道断面确定湿周与流量之间的关系，找出影响流量变化的关键点，其对应的流量作为河道流量的推荐值。

该方法受到河道形状的影响，如三角形河道的湿周—流量曲线的增长变化点表现不明显，难以判别。而宽浅矩形河道和抛物线型河道都具有明显的湿周—流量关系增长变化点，所以该方法适用于这两种河道。

三、栖息地评价法

栖息地评价法宜用于河道生态保护目标为确定的物种及其栖息地的生态需水计算。代表性的方法有河道流量增加法（IFIM）、有效宽度法（UW）和加权有效宽度法（WUW）。

（一）有效宽度法（UW）

有效宽度法是建立河道流量和某个物种有效水面宽度的关系，以有效宽度占总宽度的某个百分数相应的流量作为最小可接受流量的方法。有效宽度是指满足某个物种需要的水深、流速等参数的水面宽度，不满足要求的部分就算无效宽度。

（二）加权有效宽度法（WUW）

加权有效宽度法与有效宽度法的不同之处在于它是将一个断面分为几个部分，每一部分乘以该部分的平均流速、平均深度和相应的权重参数，从而得出加权后的有效水面宽度。权重参数的取值范围为0～1。

在上述栖息地评价法中，有效宽度法和加权有效宽度法应用较少。

四、整体分析法

整体分析法主要指BBM法（Buildinglock Method），BBM法是由南非水务及林业部与有关科研机构一起开发的，在南部非洲已得到广泛应用。

BBM法的优点是大、小生态流量均考虑了月流量的变化，分部分的最小流量可初步作为河道内的生态需水量。主要缺点是由于该方法是针对南部非洲的环境开发的，针对性强，且计算过程比较烦琐，其他地方采用此方法应根据当地实际情况对方法进行适当修改。主要结论如下：

（1）由于大部分河流生态需水计算方法源自国外，而我国流域情况独特和复杂，因此并不一定都适合中国的实际情况，在使用这些方法时一定要注意方法的适用条件，提出适合我国实际情况的计算方法。

（2）国内河流生态需水计算方法研究起步较晚，只是形成了初步的理论框架，今后应加强关于河道生态需水机制的研究。

（3）目前河流生态需水研究绝大部分都还停留在水量层面，随着水质问题越来越突出，在研究生态需水计算方法时应注重水量、水质的耦合。

第二章

生态环境水利工程设计

第一节 河流污染治理与生态恢复技术研究进展

一、物理技术

物理方法往往治标不治本,污染物只是得到了转移而并没有消除。

(一)调水

调水是通过水利设施(如闸门、泵站)的调控引入上游或附近的清洁水源来改善下游污染河道水质,其实质是由于清洁水的大幅增加使污染物得到稀释从而改善水质,但并未减少河道的污染物通量(总量)。对于上游或附近具有充足清洁水源、水利设施较完善的河网地区,该技术不失为一种投资少、成本低、见效快的治理方法。

(二)曝气复氧

人工曝气复氧技术是根据受污染河流缺氧的特点,人工向水体中充入空气或氧气,加速水体复氧过程,以提高水体溶解氧水平,恢复和增强水体中好氧微生物活性,使水体中污染物得以净化,从而改善河流的水质。人工曝气通过物理吸附、生物吸收和生物降解等作用,以及各类微生物和水生生物之间功能上的协同作用去除污染物,并形成食物链去除有机物。

应用形式主要有固定式充氧站和移动式充氧平台两种。主要应用于过渡性措施使用和对付突发性河道污染使用。该技术由于设备简单、易于操作而被许多国家优先选用净化中小型河流。实例有英国泰晤士河、德国埃姆歇河、韩国釜山港湾、美国圣克鲁斯港、北京清河、上海上澳塘、上海苏州河等。

另外，有研究表明采用人工曝气复氧技术并投加生物制剂及底质改良剂、放养水生动植物等集成技术治理河道，效果比单纯复氧更好。

（三）底泥疏浚

底泥疏浚是解决河流内源污染的重要措施，其主要是通过底泥的疏挖去除底泥中所含的污染物，清除污染水体的内源，减少底泥污染物向水体的释放，主要适用于富营养化河流的治理。应用形式有放水作业和带水作业两种。

底泥疏浚因能将污染底泥永久性去除，因而被较多用于湖泊和小型河流。然而，底泥疏浚并不一定能从根本上使水环境得到改善。此外，疏浚河道的缺点：一是工程量大，耗资巨大；二是疏浚河道工程的环境后效存在很大的不确定性。

二、化学类技术

（一）化学絮凝处理技术（CEPT）

化学絮凝处理技术（CEPT）是一种通过投加化学药剂（一般为混凝剂）去除水体污染物、改善水质的处理技术，较适用于污染严重、较为封闭的地表水体。由于其除磷效果良好，特别是底泥磷的释放有一定效果，也适用于富营养化河流。一般通过直接将药剂投加到水体中或者是将河水用泵提升至建于岸边的永久（或临时）构筑物中，再投加药剂进行河水的化学一级强化处理。

（二）化学除藻

化学除藻是控制藻类生长的快速有效的方法，在治理湖泊富营养化中已经有应用，也可以作为严重富营养化河流的应急除藻措施。但常用化学除藻剂会对鱼类、水草等生物产生危害，甚至导致死亡，或具有致癌作用。化学除藻虽可使水质暂时得到改善，但不能从根本上解决湖泊富营养化问题，且会造成二次污染，一般不采用。

三、生物/生态技术

（一）生物强化技术

生物强化技术是直接向污染水体中接种外源的污染降解菌，利用其唤醒或激活水体中原本存在的、但被抑制而不能发挥其功效的微生物，并通过它们的迅速增殖，强有力地钳制有害微生物的生长和活动，从而消除水体有机污染及富营养化，消除水体的黑臭及硝化底泥。目前，国内外常用的有集中式生物系统、高效复合微生物菌群及固定化微生物等技术。

在营养化污染水体中，原位修复投菌技术逐渐受到关注。日本、韩国、澳大利亚等国采用定期向水中投放光合细菌，由于光合细菌能利用光能和氧将微污染水或废水中的无机和有机碳源及其他营养物质转化为菌体，从而能起到净化水质的作用。

（二）生物促生技术

生物促生技术是通过向污染河流投放解毒剂及降解污染物的多种酶、有机酸、微量元素、常量元素、维生素等，以减轻环境中的毒性，对自然界中污染物降解土著微生物起到促生作用，为之创造一个能顺利完成其自然降解功能的环境，强化污染环境的自净能力，加速对有机污染物的分解。

（三）生物浮岛技术

生物浮岛技术是利用生态工学原理，在受污染河道，用木头、泡沫等轻质材料搭建浮岛，以浮岛作为载体，在水面上种植植物，构成微生物、昆虫、鱼类、鸟类、植物等自然生物栖息地，形成生物链来帮助水体恢复，降解水体的COD、氮、磷的含量，主要适用于富营养化及有机污染的河流。此外，还具有为生物提供生息空间，改善景观及消波护岸的功能。生物浮岛依据浮岛植物是否和水接触分为干式浮岛和湿式浮岛两种。生态浮岛可就地处理河流，工程量小，投资省；处理效果好，自然景观和谐；实现资源持续利用；使用寿命长，维护简单；避免重复污染，重复治理，实现一次投资长期受益。

（四）生物膜技术

生物膜法是根据天然河床上附着的生物膜的净化及过滤作用，人工填充填料或载体，供细菌絮凝生长，形成生物膜。利用滤料和载体比表面积大，附着微生物种类多、数量大的特点，从而使河流的自净能力成倍增长。它非常适合于城市中小河流的直接净化。生物膜法具有较高的处理效率，对受有机物及氨氮轻度污染水体有明显的效果；有机负荷较高，接触停留时间短，减少占地面积，节省投资。

（五）稳定塘技术

稳定塘技术是利用天然水体的自净能力，将被污染的河水在一种类似于池塘的处理设备内经长时间缓慢流动和停留，通过生物的代谢活动降解有机污染物的修复技术，适用于富营养化河流。用于河水处理的稳定塘可以利用河边的洼地构建，对于中小河流，还可以直接在河道上筑坝拦水，这时的稳定塘称为河道滞留塘。一条河流可以构建一级或多级滞留塘。

（六）人工湿地技术

人工湿地系统利用土壤填料、植物及黏附在它们上的微生物的物理、化学和生物作用，通过过滤、吸附、沉淀、絮凝、离子交换、植物吸收和微生物分解等多种途径实现对污水的高效净化。从20世纪80年代起，人工湿地在河流污染治理的作用逐渐受到重视，得到越来越多的应用。

人工湿地的分类：按植物的存在形态分为挺水植物、沉水植物和浮水植物；按系统布水方式的不同分为表面流人工湿地（surface flow wetlands，SFW）、水平潜流人工湿地（hori-zonial subsurface flow constructed wetland，HSF）和垂直潜流人工湿地（vertieal subsurfaceflow constructed wetland，VSF）。

（七）土地处理技术

土地处理技术是指利用土壤—微生物—植物系统的陆地生态系统的自我调控机制和对污染物的综合净化功能来净化被污染的河水，使河水水质得到不同程度的改善，同时通过营养物质和水分的生物地球化学循环，促进绿色植物生长并使其增产，实现污染河水的资源化和无害化。根据水力负荷、污水路径、布水方式，土壤—植物系统结构，以及再生水收集方法，土地处理系统可分为慢速和快速渗滤、地表漫流、地下渗滤等主要类型。

（八）多自然河流构建技术

多自然河流构建是要保持、重现及创造河流原有的、多姿多彩的自然风情，使河流充满自然气息，包括生态河床的构建及生态护岸的建设。

1.生态河床的构建

构建手段主要有恢复蛇形河槽，利用植石和浮石带法设置深沟和浅滩，在河床比降较大的地方设置人工落差，设置粗柴捆床等。

2.生态护岸的构建

生态护岸是结合治水工程与生态环境保护而兴起的一种新型护岸技术，在水陆生态系统之间跨起了一道桥梁，对两者的物流、能流、生物流发挥着廊道、过滤器和天然屏障的功能。在治理水土污染、控制水土流失、加固堤岸、增加动植物种类、提高生态系统生产力、调节微气候和美化环境方面都有着巨大作用。生态护岸的特点是进一步加固堤防，滞洪补枯；修复水域生态系统；为城市景观添光增色。

四、发展趋势

截污是从根本上解决河湖污染的关键，只有污染源从源头上得到控制，才能真正使河湖水质状况得到改善，所以有关部门应加大管理力度，在科学管理的基础上提高河湖污染治理的技术水平。

在治理技术上，生物处理技术因其净化费用低，环境影响小，污染物降解效果好，在污水处理中备受青睐。高效、无二次污染的生物处理技术及产品的开发研究，尤其是对具有特殊分解能力的菌种的培养筛选也将成为河流湖泊防治技术的发展趋势。向水体中投加具有特殊分解能力的菌种，将水体中有毒有害的物质分解为无毒无害的物质，加速毒性物质的分解转化，不仅可提高对河流湖泊的净化效率，还可实现对河流湖泊的生态修复。

另外，随着河流湖泊水体富营养化问题的日趋严重，以脱氮除磷为主要目标的植物修复技术将成为河流湖泊污染治理的热点，尤其在城市内河污染水体的治理中将发挥重要作用。在城市内河水体中种植水生植物，一方面，可以通过植物发达的根系有效地吸收，达到减轻和遏制水体富营养化的趋势；另一方面，通过水生植物的种植和培养，还可以起到美化、改善城市景观的作用。

我国的河流污染治理和生态修复起步晚，在制定适合我国河流污染特点的技术路线时，可以参考国外的治理经验，同时考虑治理技术的有效性、长效性、经济性和生态相容性。根据不同河流污染和生态破坏的特点，选择合适的治理技术并加以组合使用，使各种技术之间合理组合，充分发挥各自的优越性。

第二节　湿地生态恢复工程

一、概述

近年来，沼泽湿地系统受到了城市化进程的严重威胁，生态系统退化、生物多样性减少等现象的出现使人们意识到修复沼泽湿地系统迫在眉睫。经过多年治理，沼泽湿地生态系统情况虽有所好转，但要从根本上修复，仍任重道远。

湿地恢复是指通过生态技术或生态工程对退化或消失的湿地进行修复或重建，再现干扰前的结构和功能，以及相关的物理、化学和生物学特性，使其发挥应有的作用。它包括提高地下水位来养护沼泽，改善水禽栖息地；增加湖泊的深度和广度以扩大湖容，增加鱼的产量，增强调蓄功能；迁移湖泊、河流中的富营养沉积物及有毒物质以净化水质；恢复泛滥平原的结构和功能以利于蓄纳洪水，提供野生生物栖息地及户外娱乐区，同时也有助于水质恢复。目前的湿地恢复实践主要集中在沼泽、湖泊、河流及河缘湿地的恢复上。

在许多情况下，湿地受扰前的状态是湿林地、沼泽地或开放水体，恢复哪一种状态在很大程度上取决于湿地恢复管理者和计划者的选择，即他们对受扰前或近于原始湿地的了解程度。恢复与重建有细微差别，如果是恢复，一个地区只会再现它原有的状态，重建则可能会出现一个全新的湿地生态系统。在湿地恢复过程中，由于许多物种的栖息地需求和适应性不能被完全了解，因而恢复后的栖息地没有完全模拟原有特性，加上恢复区面积经常会比先前湿地要小，先前湿地功能不能有效发挥。因此，湿地恢复是一项艰巨的生态工程，需要全面了解受扰前湿地的环境状况、特征生物，以及生态系统功能和发育特征，以更好地完成湿地的恢复和重建。

二、沼泽湿地生态系统

（一）定义

沼泽湿地生态系统是湿地、中生和水生植物、动物、微生物和环境要素之间通过物质交换、能量交换和信息传递所构成的占据一定空间、具有一定结构、执行一定功能的动态平衡整体。

（二）功能

湿地作为"地球之肾"，不仅能有效防洪，还能防止土壤沙化，同时它还能作为供给水源，补充地下水，为众多动植物提供栖息地，向人类提供食材、能源及游憩场所，是人类赖以生存、持续发展的重要载体。沼泽湿地系统具有强大的物质生产、大气组分调节、水分调节、净化功能，并有向动物提供栖息地、观光与旅游社会效益的作用。

三、沼泽湿地生态恢复

（一）原则

1.可行性原则

可行性是许多计划项目实施时首先必须考虑的。湿地恢复的可行性主要包括两个方面，即环境的可行性和技术的可操作性。通常情况下，湿地恢复的选择在很大程度上由现在的环境条件及空间范围所决定。现时的环境状况是自然界和人类社会长期发展的结果，其内部组成要素之间存在着相互依赖、相互作用的关系，尽管可以在湿地恢复过程中人为创造一些条件，但只能在退化湿地基础上加以引导，而不是强制管理，只有这样才能使恢复具有自然性和持续性。例如，在温暖潮湿的气候条件下，自然恢复速度比较快，而在寒冷和干燥的气候条件下，自然恢复速度比较慢。不同的环境状况，花费的时间也就不同，在恶劣的环境条件下恢复很难进行。另外，一些湿地恢复的愿望是好的，设计也很合理，但操作非常困难，恢复实际上是不可行的。因此全面评价可行性是湿地恢复成功的保障。

2.稀缺性和优先性原则

计划一个湿地恢复项目必须从当前最紧迫的任务出发，应该具有针对性。为充分保护区域湿地的生物多样性及湿地功能，在制定恢复计划时应全面了解区域或计划区湿地的广泛信息，了解该区域湿地的保护价值，了解它是否是高价值的保护区，是否是湿地的典型代表。

3.美学原则

湿地具有多种功能和价值，不但表现在生态环境功能和湿地产品的用途上，而且表现在美学、旅游和科研价值上。因此在许多湿地恢复研究中，特别注重对美学的追求，如国外许多国家对湿地公园的恢复。美学原则主要包括最大绿色原则和健康原则，体现在湿地的清洁性、独特性、愉悦性、可观赏性等许多方面。美学是湿地价值的重要体现。

（二）沼泽湿地生态恢复建设

沼泽湿地生态恢复建设主要包括沼泽湿地植被恢复、退化湿地恢复、河流重建、再造新的沼泽湿地、构建岛屿和沙嘴。退化湿地的恢复主要为工程治理和生物治理相结合。可采取人工设计，进行无害化处理，以达到改善环境基质的目的，为生物创造条件适宜的栖息地。通过自然恢复和人工种植途径进行生物治理，形成防护林，经济林和风景林等，以减少水土流失，为当地动物栖息创造适宜条件，逐步恢复生物多样性，形成稳定的群落和生态系统。此外，河流生态修复任务有三类，包括水文条件的改善、河流地貌学特征的改善和濒危或特殊物种的恢复。通过对河流地貌、水量、水质的分析，合理规划、配置水资源分布、污水排放系统，以求在修复重建沼泽湿地生态系统的同时，满足社会需求。主要措施包括重建植被、修建人工湿地在内的人工直接干预措施、重塑弯曲河谷，恢复生态缓冲带的自然恢复措施及修复水边湿地和浅滩在内的增强恢复措施。同时，在沼泽湿地生态恢复过程中，应正确对待其修复过程，逐步实施各个项目，以求在动态修复过程中，能不断对各方面实施监测和评估，并进行及时的技术保护和后期管理。此外，积极引导公众参与修复过程，不断提高公众对沼泽湿地生态系统的认知水平。

湿地退化和受损的主要原因是人类活动的干扰，其内在实质是系统结构的紊乱和功能的减弱与破坏，而外在表现上则是生物多样性的下降或丧失及自然景观的衰退。湿地恢复和重建最重要的理论基础是生态演替。由于生态演替的作用，只要克服或消除自然的或人为的干扰压力，并且在适宜的管理方式下，湿地就是可以被恢复的。恢复的最终目的就是再现一个自然的、自我持续的生态系统，使其与环境背景保持完整的统一性。

不同的湿地类型，恢复的指标体系及相应策略亦不同。对沼泽湿地而言，泥炭提取、农业开发和城镇扩建使湿地受损和丧失。若要发挥沼泽在流域系统中原有的调蓄洪水、滞纳沉积物、净化水质、美学景观等功能，必须重新调整和配置沼泽湿地的形态、规模和位置，因为并非所有的沼泽湿地都有同样的价值。在人类开发规模空前巨大的今天，合理恢复和重建具有多重功能的沼泽湿地，而又不浪费资金和物力，需要科学的策略和合理的生态设计。

就河流及河缘湿地来讲，面对不断的陆地化过程及其污染，恢复的目标应主要集中在洪水危害的减小及其水质的净化上，通过疏浚河道、河漫滩湿地再自然化、增加水流的持续性、防止侵蚀或沉积物进入等来控制陆地化，通过切断污染源及加强非点源污染净化使河流水质得以恢复。而对湖泊的恢复却并非如此简单，因为湖泊是静水水体，尽管其面积不难恢复到先前水平，但其水质恢复要困难得多，其自净作用要比河流弱得多，仅仅切断污染源是远远不够的，因为水体尤其是底泥中的毒物很难自行消除，不但要进行点源、非点源污染控制，还需要进行污水深度处理及生物调控。湿地恢复策略经常由于决策者缺乏科学的知识而被阻断，特别是对湿地丧失的原因、湿地的自然性及控制因素、生物体对控制要素的反应等认识还不够清楚，因此获得对湿地水动力的理解，以及评价不同受损类型的生态效应是决定恢复策略的关键。

（三）湿地恢复的目标

湿地恢复的总体目标是采用适当的生物及工程技术，逐步恢复退化湿地生态系统的结构和功能，最终达到湿地生态系统的自我维持状态。在这一过程中，要实现湿地地表基底的稳定，恢复良好的水文条件，恢复乡土的植被和原生土壤，增加生物多样性，实现自我维持群落的恢复，有一定的景观，要考虑到生态经济和社会因素的平衡。根据不同的地域条件，不同的社会、经济、文化背景要求，湿地恢复的目标也会不同。有的目标是恢复到原来的湿地状态，有的目标是重新获得一个既包括原有特性，又包括对人类有益的新特性状态，还有的目标是完全改变湿地状态等。在湿地恢复计划或实践中经常希望达到的两个目标是湿地的先前特性和机遇目标。一般来说，湿地恢复包括生态系统结构和功能的恢复、生物种群的恢复、生态环境特别是水文的恢复，以及景观的恢复。

1.湿地的先前特性

湿地恢复的成功与否，经常要受两个条件制约。一是湿地的受损程度，二是对湿地先前特性的了解程度。所谓先前特性，就是指原始阶段的后序列状态，亦即受干扰前的自然状态。这些状态从某种意义上讲就是恢复者的一个选择或偏好，或者说这些状态具有一定的不确定性。因为对湿地先前特性的了解程度及理解决定了恢复只能是近于先前的状态，而近于先前或受扰前的程度是很难把握的，这就需要大量资料的积累。

2.恢复过程中的机遇

恢复过程是受多种因素制约的，水文状况、地形地貌、生物特性、当地气候及环境背景变化等都是影响湿地恢复的重要因素，这些因素的自然表现在历史时期内不尽相同，因而湿地恢复的过程及结果常常具有不确定性，可能会有多种选择的机会。在这种条件下，某些结果的出现可能被当作浪费了一个机会，因为这些可能的结果在多种状况下都是可以被恢复的，而浪费的机会却很难再一次出现，所以恢复者在湿地恢复的操作过程中要关注，珍惜机会并把握住，而不是去浪费它。

四、人工湿地生态景观的价值

人工湿地在显示出多方面功能的同时，其中的生态景观的功能引起了人们的关注，逐渐进入人们的视野。比如，在许多地方出现了越来越多的生态工业、生态农业园区、科普教育区等。在建造人工湿地的时候，如何兼顾生态和美学，进行有效的设计，成为学者们研究的课题。人工湿地生态景观具有多方面的价值，以城市人工湿地为例，其具有生态价值、人文价值、社会价值等3大方面。

（一）生态价值

城市人工湿地的生态价值包括调节城市气候、控制洪水，以及补充城市地下水等3个方面。

首先，在城市人工湿地中，植物的蒸腾作用可以增加空气中水分含量，改善空气环流状况，提升环境质量。此外，湿地的一个巨大作用就是可以减少城市热岛效应，并降低由于城市热岛效应带来的各种疾病，有利于城市居民的身体健康。其次，城市人工湿地通过调节河川径流，保持各流域水量的平衡，对于缓解洪水的影响起到巨大作用。最后，城市人工湿地还具有补充地下水的功能，不断向地下水层补给水源。这对于防止干旱及由于过度开采地下水造成的城市地面沉降能起到一定的缓解作用。

（二）人文价值

城市人工湿地在设计的过程中，结合了历史的、民族的及当地的文化因素，具有很强的人文魅力。这种设计，以一种独特的形式将文化表达出来，让城市的每一个人都能深刻感受到文化认同感和归属感，其人文价值不言而喻。

（三）社会价值

城市人工湿地蕴含着独特的自然风光，是人们观光、旅游和娱乐的好去处。在这方面，许多城市通过将湿地建设成生态公园、生态旅游区等形式吸引大批的游客，带来了巨大的社会效应，促进城市的经济发展。此外，城市人工湿地也可以吸引许多的动植物、濒危物种，成为其栖息地，对于科学研究及教育，都是有百利而无一害。

五、人工湿地生态景观工程的设计

在设计人工湿地生态景观的时候，需要考虑两方面的因素，即既要满足人工湿地的生态功能，又要符合景观设计的原则。因此，对于人工生态景观的设计，需要仔细筹划，遵循一定的原则。

（一）选址原则

在选址的时候，首先，需要满足建造人工湿地所需基本条件，我们称之为就近原则，即应选在原来存在湿地或就近仍然具有湿地的区域。在这些区域，因可能存在湿地基质、水文环境和生物种源，如被废弃的河道、河漫滩等，因而建设起来相对容易。其次，要具有整体性的观念，即把人工湿地放在城市生态规划的大环境下考虑，这样才能与城市其他的生态区相协调，共同发展。最后，作为生态景观，在选址的时候应充分调查，利用好当地原有的景观，做到顺其自然，这样也可以节约成本，实现经济效益最大化。

（二）植物配置

作为生态系统的组成部分，植物是景观视觉的重要因素。对于植物的配置，应考虑两点：植物的多样性与尽址采用本地植物。植物多样性的好处不言而喻，既可以在视觉效果上相互映衬，具有很强的景观美感，也可以在对水体污染物处理的时候相互补充，利于生态系统的自我循环。此外，利用本地植物是因为本地植物适应了本地的自然地理环境，有利于保持生态平衡。

（三）水岸空间的设计

水岸作为湿地系统和其他环境的过渡，其设计和处理需要精心考虑。在许多水岸设计中，由于考虑不全，使用混凝土或者草坪设计水岸，结果加剧了湿地的生态负荷。对于水岸设计，采用的科学做法是种植湿植物，或者以湿质土壤代替混凝土等人工砌筑的做法，既可以加强湿地的自然调节功能，又可以为动物提供栖息地，而且从视觉效果上来说，也是一种丰富的景观。

六、湿地恢复的过程方法与评价

（一）湿地恢复的过程

湿地恢复的过程常包括清除和控制干扰，净化水质，去掉顶层退化土壤，引种乡土植物和稳定湿地表面等步骤。但由于湿地中的水位、流速、方向经常波动，还有各种干扰，因此在湿地恢复时必须考虑这些干扰，并将其当作恢复中的一部分。

（二）湿地恢复的方法

湿地恢复的目标、策略不同，拟采用的关键技术也不同。根据目前国内外对各类湿地恢复项目研究的进展，可概括出以下几项技术：废水处理技术（包括物理处理技术、化学处理技术、氧化塘技术），点源、非点源控制技术，土地处理（包括湿地处理）技术（含土壤物理化学、生物属性的生态恢复），光化学处理技术，沉积物抽取技术，先锋物种引入技术（以种植小苗为主，较少播种），土壤种子库引入技术，生物技术、生物控制和生物收获等技术，种群动态调控与行为控制技术，物种保护技术等。这些技术有的已经建立了一套比较完整的理论体系，有的正在发展。河流恢复关注河岸缓冲带的管理、河道内栖息地的恢复，以及堰坝和小坝的拆除3种技术。河岸缓冲带可减少细泥沙、营养物质和农药流入河流并防止长期负面影响水生生物，一般缓冲带的宽度为5~30m、长度为1km最为有效。河道内栖息地的恢复多用大型木质碎屑、巨砾和砾石来改进或增强局部生境。堰坝的拆除有明显的有益效果，但生物恢复可能会滞后几年（Pander & Geist，2013）。河流恢复技术有如下3个新趋势：生态恢复的尺度越来越大、生态恢复成功的标准需要满足多元化的目标、水环境管理正从水质管理向水生生态系统管理转变（Pan et al.，2016）。在许多湿地恢复的实践中，其中一些技术常常是整合应用的，并取得了显著效果。

与其他生态系统过程相比，湿地生态系统的过程具有明显的独特性：兼有成熟和不成熟生态系统的性质；物质循环变化幅度大；空间异质性大；消费者的生活史短但食物网复杂；高能量环境下湿地被气候、地形、水文等非生物过程控制，而低能量环境下则被生物过程控制。这些生态系统过程特征在湿地恢复过程中应予以考虑。不同的湿地恢复方法不同（如红树林和江心洲），而且在恢复过程中会出现各种不同的问题，因此很难有统一的模式，但在一定区域内同一类型的湿地恢复还是可以遵循一定模式的，当然这个模式是需要进行试验探索的。在我国已应用的模式也非常多，比较著名的是桑基鱼塘模式和林果草（牧）渔模式。从各种湿地恢复的方法中可归纳如下的方法：尽可能采用工程与生物措施相结合的方法恢复；恢复湿地与河流的连接，为湿地供水；恢复洪水的干扰；利用水文过程加快恢复（利用水周期、深度、年或季节变化、持留时间等改善水质）；停止从湿地抽水；控制污染物的流入；修饰湿地的地形或景观；改良湿地土壤（调整有机质含量及营养物质含量等）；根据不同湿地选择最佳位置重建湿地的生物群落；减少人类干扰，提高湿地的自我维持力；建立缓冲带以保护自然的和恢复的湿地；发展湿地恢复的工程和生物方法；建立不同区域和类型湿地的数据库；开展各种湿地结构、功能和动态的研究；建立湿地稳定性和持续性的评价体系。

在湿地恢复过程中建立监测系统非常重要，一方面它可评价是否达到预期目标，另一方面可为改正错误或解决出现的问题提供机会。在湿地工程的监测和适应管理中要关注5个问题：在评价生态系统整体性时要测定什么生态学特征或指标（水质、初级生产力、预期种类的多度），测量这些指标的最好方式是什么（取样单元的大小、简单的单元数量、取样单元的时间和空间分布、分层程序），数据如何收集、储存和分析（监理的责任、仪器、软件、备份、分析的类型），每个生态系统特征或指标可接受的范围是什么（最低值或预警值是多少、长期的气候循环或火灾频率是否考虑），当一个指标达到不可接受值时，可采取哪些适应性管理行动（谁做决策、完成管理的责任是谁）。上述问题在实际工作时并不容易解决，研究发现，水文地貌是学术界最常用的评估指标（50%），种植和播种次之（39%），但是需要与其他技术相结合。实际上评估恢复轨迹的变化要比用参考生态系统的方法更好，恢复长于6年以上，基于支流尺度的多维目标的评价更好。

（三）湿地恢复的合理性评价

1.生态合理性

生态合理性亦即恢复的生态整合性问题。从组成结构到功能过程，从种群到群落，湿地生态系统最终的恢复目标是完整的统一体，违背了生态规律，脱离了生态学理论或者与环境背景值背道而驰，均是不合理的。湿地恢复不但包括生态要素的恢复，而且包含生态系统的恢复。生态要素包括土壤、水体、动物、植物和微生物，生态系统则包括不同层次、不同尺度规模、不同类型的生态系统。因此，恢复的生态合理性亦即组成结构的完整性和系统功能的整合性。恢复被损害的湿地到接近它受干扰前的自然状态，即重现系统干扰前的结构和功能及有关的物理、化学和生物学特征，直到发挥其应有的功效并健康发展，是生态合理性的最终体现。

2.社会合理性

社会合理性主要指公众对恢复湿地的认识状况及其对湿地恢复必要性的认识程度。目前，人类活动不断加剧，对各类型湿地均造成了极大的损害。湿地从质量和数量上均有明显的丧失。再加上许多湿地类型的市场失效性，公众对恢复湿地还没有形成强烈的意识。因此，加强湿地保护宣传力度，尽快出台湿地立法，增强公众的参与意识是湿地恢复的必要条件，是社会合理性的具体体现。

3.经济合理性

经济合理性一方面指恢复项目的资金支持强度，另一方面指恢复后的经济效益，即遵循风险最小与效益最大原则。湿地恢复项目往往是长期的和艰巨的工程，在恢复的短期内效益并不显著，往往还需要花费大量资金进行资料的收集和定位定时监测。而且有时难以对恢复的后果及生态最终演替方向进行准确的估计和把握，因此带有一定的风险性。这就要求对所恢复的湿地对象进行综合分析、论证，将其风险降到最小。同时，必须保证长期的资金稳定性和对项目的监测。只要恢复目标是可操作的，生态是合理的，并且有高素质的管理者和参与者，湿地恢复的效益最终就能够实现。

第三节　生态河流的设计与规划

现阶段，我国城市化进程不断加快，快速发展的经济水平为生态环境带来了很大的压力。河流作为城市的重要生态资源体系，有着重要的生态职能。一般来说，城市内部的生态河流主要是指在城市区域内部发源或者流经的河流与河流段。我国城市中，有很多城市都是依河而建的，并且城市的生活和生产与河流密切相关。随着以往粗放式经济的发展，城市生态河流面临着很大的负面影响。在对城市河流改造的过程中，逐渐造成了经济效益与生态系统之间的矛盾，对生态河流的具体环境造成了很大的影响。河流改造对生态环境造成了一系列的破坏，并且对生态河流的一系列生态功能造成了影响。因此，在生态河流的规划和设计中，必须重视维护生态效益，并且以保持河流生态体系中的水文连续性、营养物质输移的连续性、生物群落的连续性和信息流的连续性为基本原则，将生态河流规划与设计融入城市的规划设计当中。越来越严重的河流污染问题，为城市发展和建设提出了新的要求。

生态河流概念是现代生态环境建设中所提出的新概念，也是针对城市河流基本情况及建设需求所提出的新要求。生态河流概念是一个相对综合的体系，其中涉及工程学、生物科学、环境科学、美学等多方面的内容，是一项综合、系统的工程。生态河流的规划与设计应该遵循"保护、创造生物良好的生存环境和自然景观"的原则，充分考虑城市生态环境的长久发展，考虑城市与环境的协调和统一。

第一，设计规划中要对水面进行保护，并且保证河流空间。城市河流的一个重要生态功能就是防洪排涝。而现阶段的城市防洪排涝的标准相对较低，在遇到突发的特大雨水时，市区内部就会受到很大的影响，城市功能受损，为城市带来严重的损失，严重影响城市的生产和社会生活。在进行城市规划的过程中，要融入生态河流的设计，并将生态河流与城市排水通道进行有效的安排，保证原有河流位置受到保护。针对现有城市河道的问题，可以采用人工开挖的方式，提高城市抗洪排涝能力，同时提高城市生态环境的美观程度。另外，城市河流空间具有多方面的意义，具有经济功能、美化环境、旅游、娱乐、生态保护、教育、科研等多方面的功能，是城市社会功能的重要组成部分。近年来，越来越多的城市逐渐开始重视生态河流的规划与设计，并且在城市规划设计阶段融入生态河流的设计，实现了河流空间的有效保障。

第二，以人为本的建设理念。生态河流的设计与规划过程，要始终将以人为本作为重要原则。城市河流的规划从根本上来说，是为了城市内部居住环境，治理原有生态环境的损失，实现人与自然的和谐发展。因此，以人为本开展生态河流治理工作，大量推进生态河堤的建设是非常重要的。首先，在规划中要满足多种物种生存的需要。传统人工河坝将水与河岸植物进行了阻断，阻碍了地下水的循环，使得陆地动物与水生动物的生存空间都受到了很大的影响。通过生态河堤的建设，可以更好地将河道和周边河畔的植被融为一体，并且形成良好的河道生态体系。通过科学的处理相关水循环系统，构建一个动植物的良好生存环境。良好的河道生态系统，是生态物种多样性的重要保证，并且为动植物的生存提供了良好的环境。其次，提高城市生态环境的自净能力。生态河堤中的水生植物较多，具有较强的营养获取能力，并且可以为微生物提供附着条件，进而有效地提高了对水污染的净化能力。同时，生态河堤也促进了水中微生物类及鱼类的成长，具有改善水质的能力。最后，生态河流的设计与规划中要重视对水量的调节。由于以往生产中对于河道环境的破坏，造成了丰水期与枯水期水量的不合理，难以实现河道对于气候条件的作用。因此，要转变以往混凝土河堤的规划方式，采用生态河堤来实现丰水期与枯水期水量的合理调节。生态河堤的建设是以人为本的理念的重要体现，是生态河流设计与规划中应该重视的重要内容。

第三，打造良好的城市景观。水文环境是城市景观的重要组成部分，生态河流是城市规划中对于城市景观规划的重要部分，并且应该被重点关注。生态环境建设的过程中，人文理念是重要的思想，并且将城市生态河流的建设作为人与自然和谐发展的重要途径。在生态河流的规划建设上，要将水文景观融入整体城市景观当中，并且充分对河流、军民、游人等的需求进行考虑，为城市景观的建设奠定良好的基础，营造良好的生态空间。

第四，提高对污染控制与治理的重视。污染与治理是城市发展中所需要重点关注的问题，很多国家在进行河流污染治理的过程经验都表明了，城市河流生态功能的发挥，是对污染进行治理的重要方式。生态河流的规划与设计，是城市河流污染治理中的重要一环，也是保证城市污染治理能力、减轻城市污染情况的重要措施。城市河流在现阶段的城市发展中，各种生产与生活污水的排放已经造成了很大的损害。如果城市河流必须要为城市排污来"买单"，那么整个城市的生态系统将会受到致命的威胁和打击。在城市规划的过程中，要保证生态河流的有效规划，并且保证城市与河流的和谐统一，切实做好污染的防治工作。

经济发展与生态环境发展协调统一，是实现可持续发展理念中的重要一环，也是现代社会发展过程中所必须解决的重要矛盾。随着我国城市化进程的不断加快，城市内部生态河流的整治工作已经迫在眉睫，现有治理改造中的一系列问题需要予以高度的重视，并且提出具有针对性的措施进行解决。河流作为城市的重要组成部分，其对于城市的发展有着至关重要的意义。在进行城市规划设计当中，必须纳入生态河流的规划设计，并且对于传统河流治理工作进行进一步的改进，以实现人与自然和谐统一发展为规划设计原则，真正地将生态河流理念进行推广和普及。

第四节　小型水利工程生态设计

一、小型水利工程设计在整个水利工程建设中的重要意义

小型水利工程的设计是整个水利工程建设的关键和前提，它是针对工程建设的目的做出的一个工程方案，是为了达到预定的水利工程目标而提出做出的，包括对整个水利工程建设的建筑物的具体实施方法、工程的投资造价等问题。其水平直接影响着整个工程的安全实施和运行，决定着工程的目的是否能够有效地达到，所以它的重要意义不容忽视。但受到实践经验与设计能力的影响，在许多小型的水利工程报告中发现了各种问题，这对于水利施工将造成不利影响。为了保证水利工程的顺利实施，为社会现代化建设创造良好的前提条件，我们要对水利工程的设计有足够的重视，不断提升设计工作质量，以对工程投资进行严格的控制。

二、小型水利工程设计中存在的问题

（一）设计工作程序简单化

健康的水利工程设计工作基本是依照预可研、招标设计、施工详图设计的过程不断深入、循序渐进来完成的。此工作过程不仅包括工程结构图、工程量和工程费用计算的逐步细化与分解，还包括作为设计依据的基础资料的逐步补充和完善。设计方案同样也是方案进一步比较、深入论证的详细过程。然而在实际的水利工程设计工作中，设计单位的设计方案大部分无比选，只求方案可行即可，这致使许多水利工程设计规划没有充分考虑到河流流域的水文、地质及水资源的分布情况，也不考虑根据情况确立各种治理目标，或遵循当地的自然、社会条件选择适宜的工程规模，制订安全、经济的工程布置方案。而更多的工作是下一阶段

设计直接套用上一设计的基础资料，不进行深入的补充和完善，设计方案同样不做深入论证，直接借用上一设计阶段的成果结论。

（二）设计工作经济意识薄弱

设计完施工图以后，造价中的"价"和"量"已被确定，工程造价的实体消耗量不可随意改变，工程造价中的价格是根据当地的建材价格和用工价格随行就市，有一定幅度的变化范围。如果设计部门对所做工程整体考虑不周，缺乏经济意识，就会使设计的技术材料漏洞百出，设计成果的经济性得不到有效的体现。在进入施工详图设计阶段，与业主交涉的次数增加，设计单位对设计方案进行较细致的调整，带来设计变更也将增加，这样不仅影响施工进度，也会增加施工工程量，提高工程的总造价。

（三）可行性和初步设计论证缺乏严谨性和科学性

任何一项工程设计前要对其可行性进行不断论证并进行规划初步设计，小型水利工程也不例外，对其可行性要进行更加严谨、充分、科学的方案对比和方案论证是极其重要的。只有不断对比论证，才能够达到经济方面和技术方面的相互协调和足够合理。严谨、科学、充分的方案对比分析包括工程的选址、建筑物的结构设计、工程总体布置等内容。同时要根据量化指标和多维角度对比分析两个或多个方案的优劣，选择环境、工期、投资、效益等各方面总体优势最大方案。然而目前实际情况是：很多小型水利工程在其设计中，整个论证过程的功能和作用没有很好地发挥出来，有些甚至直接彻底忽略了。还有很多小型水利工程的设计方案并没有做客观准确的定量分析，只是做简单的定性分析。在方案选择中，只要看到某一方案工程总投资小于其他方案工程便将其确定为最后方案。对渠道防渗、结构设计等指标和投资回收期、内部收益率等经济指标的深入分析和研究考察相当缺乏。因而，小型水利工程设计在施工后出现费用高、投资大、结构设计缺陷等各种问题。任何水利工程在立项前都要经过科学、严格的环境影响和经济效益评价。但是小型水利工程因其规模小而忽略评价的必要性，其环境影响和经济效益评价的标准相当简单、浅显，这直接影响工程可行性和科学性。

三、小型水利工程设计存在问题的对策

（一）认真做好勘察设计，确保设计基础资料真实有效

现行各种水文计算规范规定，水利工程规划设计首先要对水文基本资料进行细致的审查和复核。工程水文设计受基础资料、环境、人为条件的干扰，容易存在成果评判上的差异，因此对工程水文设计相关资料必须认真核查，保证设计成果的真实、可靠性。勘察设计的质量是保证工程建设质量的重要环节，遵守《建设工程勘察设计条例》，进行规范的勘察设计，严格贯彻实施《工程建设标准强制性条文》；建立健全施工图审查制度，实施工程设计质量第三方有效的约束和监督，防止不合格设计图纸进入施工现场；推行设计监理，杜绝设计质量低劣导致的工程质量事故；严格建设审批制度，批复的初步设计作为工程项目开工的前提条件；推行设计招标投标偶然性工作，促使提高设计资质和技术水平，目的是将设计单位推向市场，靠竞争、信誉、质量来求发展。

（二）重视技术与经济的优化组合

技术与经济相结合是控制工程造价的最佳策略，在水利建设中将组织、技术与经济科学地结合起来，通过技术比较、经济分析和效果评价，合理处理技术先进与经济合理之间的对立统一关系，最大限度地在技术先进条件下实现经济的科学合理，在经济合理的条件上保证技术先进性。要实现此目标，设计人员和造价管理人员需要紧密配合。设计过程中，设计人员既要高度重视技术，也要高度重视经济。同样，造价管理人员一方面控制造价，另一方面控制设计，使两者统一有效地结合，提升设计质量，降低工程的造价。

（三）技能培训，提高整体设计水平

由于经济条件并不宽裕，很多设计工作人员难以参加更高层次的培训，导致设计水平一直停留在一个层次上，这对时代先进性的建设模式极为不利，所以设计单位必须加大对职工学习知识的投入力度，给工作人员做好定期的专业技能培训，使其了解并掌握当今世界的新技术。这样对提高设计人员的水平，以及增强单位的综合实力都很有帮助。

（四）硬件设施的及时升级和更新

工程设计是在科学技术发展基础上不断推动向前的，设计单位技术的更新和配备，以及当前相关领域内的最新科技发明的掌握和运用是推动工程设计不断向前的加速器。在技术升级的同时，设计工程的硬件设施也需要不断升级和更新，先进的设备将最新软硬件技术结合，给设计工作带来事半功倍的效果，并且更具有科学性和准确性。水利工程是一项对国家水资源影响重大的工程，小型水利工程又是我国水利事业当中极为重要的一部分。小型水利工程设计水平的提升是完善我国水利体系的关键环节。做好小型水利工程设计，为加速发展我国水利事业提供条件。

小型水利工程作为我国水利事业中非常重要的部分，为完善我国水利体系做出了突出贡献。水利工程设计人员在进行设计时不应该过分注重"大小"，应端正自身工作态度，提高自己的专业能力，为优质水利工程方案奠定基础。对于设计单位，除重视制度建设、人才培养等，也要做好硬件设施的更新换代。水利设计各参与方要全方位提升自己的设计能力和水平，挖掘自身设计潜力，让每一个小型水利工程设计方案都成为精品。

第五节　生态水利工程设计

一、生态水利工程学的内涵

（一）生态水利工程的作用

传统意义的水利工程学，对于新建工程，是指进行传统水利建设的同时（如治河、防洪工程），兼顾河流生态修复的目标。对于已建工程，则是对被严重干扰河流重点进行生态修复。传统意义上的水利工程可以简单理解为人类为实现水资源的再分配和水资源的利用而采取的工程措施或行为。水利工程最初主要用来为人类解决如下问题：

（1）解决防洪问题（如修建防洪堤、水库）。

（2）提供稳定的水源（如修建水库、打井）。

（3）减缓或去除农作物旱涝渍灾害（如修建提水泵站、排水沟灌溉渠道等）。

（4）提供清洁能源（修建水电站）。

（5）提供水利旅游景点（如修建水库、人工湖泊等），这主要体现了水利工程的资源、经济与社会性。

（二）生态水利工程学的概念

生态水利工程学作为水利工程学的一个新的分支，是研究水利工程在满足人类社会需求的同时，兼顾水域生态系统健康与可持续性需求的原理和技术方法的工程学。它包含以下 4 个方面的科学内涵：

（1）生态水利工程的开发应强调生态系统的自组织原理。在设计阶段，应当将生态系统健康过程的维持置于重要位置，并作为设计制约因子，使水利工程能满足适宜的生态水文过程要求。

（2）生态水利工程强调施工过程的环境友好性，防止在施工过程中造成巨大的环境成本付出。

（3）生态水利工程更强调基于生态需水规律的运行管理。如水库要有效地发挥其生态功能，可能需要一个符合下游生态需水规律的水资源调配方案与制度。

（4）生态水利工程选址或布局，强调工程生态负面影响最小化原则。这可能是生态工程最难以操作的一个内容，但又是最为关键的一个方面，需要基于系统多目标决策方法与技术进行科学比选。

二、生态水利工程设计的基本原则

（一）工程安全性和经济性原则

生态水利工程既要符合水利工程学原理，也要符合生态学原理。生态水利工程的工程设施必须符合水文学和工程力学的规律，以确保工程设施的安全性、稳定性和耐久性。必须充分考虑河流泥沙输移、淤积及河流侵蚀、冲刷等河流特征。动态地研究河势变化规律，保证河流修复工程的稳定性。对于生态水利工程的经济合理性分析，应遵循投入最小而经济效益和生态效益最大的原则。

（二）保持和恢复河流形态的空间异质性原则

有关生物群落研究的大量资料表明，生物群落多样性与非生物环境空间异质性存在正相关关系。非生物环境的空间异质性与生物群落多样性的关系反映了非生命系统与生命系统之间的依存和耦合关系。一个地区的生境空间异质性高，意味着创造了多样的小生境，能够允许更多的物种共存；反之，如果非生物环境变得单调，生物群落多样性必然会下降，生物群落的性质、密度和比例等都会发生变化，造成生态系统的某种程度的退化。

（三）生态系统自设计、自我恢复原则

生态系统的自组织功能表现为生态系统的可持续性。自组织的机制是物种的自然选择，某些与生态系统友好的物种能够经受自然选择的考验，寻找到相应的能源与合适的环境条件。在这种情况下，生境就可以支持一个具有足够数量并能进行繁衍的种群。依靠生态系统自设计、自组织功能，可以由自然界选择合适的物种，形成合理的结构，从而实现设计。成功的生态工程经验表明，人工与自然力的贡献各占二分之一。在利用自设计理论时，需要注意充分利用乡土种。引进外来物种时要持慎重态度，防止生物入侵。

（四）流域尺度及整体性原则

河流生态修复规划应该在流域尺度和长期的时间尺度上进行，而不是在河段或局部区域的空间尺度和短期的时间尺度上进行。所谓"整体性"，是指从生态系统结构和功能出发，掌握生态系统各个要素间的交互作用，提出修复河流生态系统的整体、综合的系统方法，而不是仅仅考虑河道水文系统的修复问题，也不仅仅是修复单一动物或修复河岸植被。水域生态系统是一个大系统，其子系统包括生物系统、广义水文系统和工程设施系统。

（五）反馈调整式设计原则

生态系统和社会系统都不是静止的，在时间与空间上常具有不确定性。除自然系统的演替外，人类系统的变化及干扰也导致了生态系统的调整。这种不确定性使生态水利工程设计呈现一种反馈调整式的设计方法，是按照"设计—执行（包括管理）—监测—评估—调整"流程以反复循环的方式进行的。在这个流程中，监测工作是基础。监测工作包括生物监测和水文观测，需要在项目初期建立完善的监测系统，进行长期观测。同时还需要建立一套河流健康的评估体系，用以评估河流生态系统的结构与功能的状况及发展趋势。

三、生态水利工程设计工作

（一）实施生态水利工程设计

随着人类的生活范围扩大，对环境的影响也越来越明显。在人类的强烈干扰下，全球水循环受到严重的影响，水资源量分配出现不均的现象。为了能够很好地实现人与自然环境的和谐发展，实施生态水利工程成为必然的趋向。生态水利工程是指对新建的工程在进行传统的水利建设的同时，兼顾河流生态修复的目标；而对于已建的工程，是对被严重干扰的河流进行生态修复。生态水利工程的设计首要要以生态水文学及工程水文学作为工程设计的基础。生态水利工程的服务对象相对比较广泛，涉及湿地、林业、草原和江河湖泊等生态用水，以及经济生活用水，所以只有弄清生态目标对水资源的时空要求的规律，生态水利工程的设计才能建立在科学的基础上。另外，就是要识别工程可能影响关键生态敏感目标。生态水利工程的设计应该要能够准确地识别出受工程直接或者间接影响到的生态目标，并在工程规划阶段予以充分的考虑。但当前有许多水利工程的设计很少考虑到流域生态敏感点。如某江中游的国家级自然保护区湿地减少了$730km^2$的地表径流汇入，这在很大程度上是由于当时没有考虑生态敏感造成的。最后，生态水利工程设计要与环境工程设计进行有机结合。

（二）实施数字化测图

数字化测图是以计算机为重要核心，在外连输入输出设备硬件、软件的条件下，通过计算机对地形空间数据进行处理得到数字地图。数字化测图具有其不可替代的优点。第一，点位精度高，其地物地形点的平面位置误差的影响，不受展绘误差和测定误差影响，由于原始数据的精度毫无损失，可以获得高精度的测量成果。第二，改进了作业方式。数字测图使野外测量能够自动记录、自动解算处理、自动成图，自动化的程度高，出错的概率小，绘图的地形图精确、规范。第三，便于图件的更新。借助于计算机技术，数字地形图可以通过变更数据快速地得到修改后的图件。第四，方便成果的深加工利用。数字化测图的成果是分层存放，不受图面负载量的限制，从而便于成果的加工利用，比如CASS软件图层中，将水系、房屋、道路等存于不同的层中，通过打开或关闭不同的层得到所需的各类专题图，供水利工程的规划和设计。

数字地图成图的方法主要如下。第一，原图数字化。在水利工程中，有些单位经费比较困难，有的是由于受到时间限制，而又需要用到数字地形图时，就可以充分地利用现有的地形图用计算机＋数字化仪＋绘图仪＋数字化软件的方法，可以在很短的时间内获得数字的成果。第二，航测数字成图。当一个测区很大时，就可以利用数字摄影机所获得的数字影像，内业通过专门的航测软件，在计算机上对数字影像进行像对匹配，建立地面的数字模型，再通过专用的软件来获得数字地图。第三，地面数字测图。在水利工程的规划设计中常需要比例尺较大些，采用地面数字测图的方法就可以实现，所得到的数字地图的精度高、便于修改。

实施数字化测图也要注意以下问题。第一，进行野外数据采集时，测点密度应尽量满足水利工程渠系建筑物规划的需要。地貌部分较破碎时，野外采点应密一些，以便于计算机处理数据时正确反映地貌。第二，野外测点应准确反映各类重要地物，如水系、道路、桥梁、居民地等。第三，带状地形图横向范围应比实际大一些，一般在设计渠线外超出50～150 m，为渠线摆动留有余地。第四，当山区水平梯田较多时，野外采样点应尽量反映实际情况，较平坦的平原地区野外采样点一般选在50～100m。

（三）实施设计监理制

水利工程勘测设计阶段是水利施工的重要阶段，也是水利工程最容易出现问题和被忽视的阶段。勘测资料精度差，对具体情况调查不详，水文、地质、气象资料收集不全；设计人员责任心不强，业务水平低，设计方案质量差；各专业、工程部位、部门之间衔接不流畅，甚至脱节；图纸会审制度不规范，校核人员专业水平有限等都严重影响了水利施工工程的质量。实施设计监理制，能对设计的全过程进行控制与监督，能促进设计单位提高其设计质量，从根本上提高水利工程质量。

设计监理工作包括如下内容。第一，双方签订监理合同，明确监理范围、内容和责权。第二，依据监理合同，组建现场监理机构，机构人员包括总监理工程师、监理工程师、监理员和其他工作人员。第三，编制项目监理规划。质量控制是设计监理工作的关键，监理机构应建立和健全质量控制体系，对勘测设计单位资质进行审查，确认是否有资格承担设计任务；按照各阶段设计报告编制规程和现行政策的要求，对设计进行监督；掌握各设计阶段关键技术的论证方向及落实情况；进度控制也是监理工作的重要内容，进度控制要分出轻重缓急，明确重点，对疑难问题或关键技术做到心中有数，注重各专业、工程部位、部门之间相互衔接。

设计监理机构就是派驻在水利工程项目，由监理单位管理的，负责履行委托设计监理合同的组织机构。监理机构的基本职责与权限是根据监理合同划定的，一般包括下列各项：核查并签发勘测设计用图及资料；审批勘测设计单位提交的各类设计文件；监督、检查工程勘测设计进度；主持勘测设计合同各方之间关系的协调。总监理工程师应负责全面履行监理合同中所约定的监理单位的职责，主持编制监理规划，制定监理机构规章制度，确定各部门职责分工及各级监理人员职责权限，调整并调换不称职的监理人员，审批勘测设计单位提交的施工总体布置、施工组织设计，主持处理合同违约、变更和索赔，主持勘测设计合同实施中的协调工作，要求勘测设计单位撤换不称职或不宜在本工程工作的人员，审核质量保证体系文件并监督其实施。监理工程师应按照总监理工程师所授予的职责权限工作，对总监理工程师负责，参与编制监理规划，预审勘测设计单位提交的施工总体布置、施工组织设计，协助总监理工程师协调各方之间的工作关系。

四、城市生态水利工程防洪排涝安全设计

城市河道一般是排洪除涝的主要通道，因此在设计过程中更要重视防洪功能的实现。特别是城市河道往往具有景观、休闲等多重功能，要充分认识和辨清防洪安全在其所具有的复合功能中占据的主导地位，其他功能的实现必须以防洪功

能为基础。在实际工作中，这些具体功能之间可能会存在一些差异甚至矛盾，需要通过调查和研究予以协调，选择最符合可持续发展要求的治理方法。

（一）防洪、排涝、排水三种设计标准的关系

目前，在我国大部分城市，城市防洪与城市排水分别属于水利和市政两个行业，在学术研究上，两者也分别属于水利学科和城市给排水学科。而一个城市的防汛工作则由这两个行业合作完成。市政部门负责将城区的雨水收集到雨水管网并排放至内河、湖泊，或者直接排入行洪河道；水利部门则负责将内河的涝水排入行洪河道，同时保证设计标准以内的洪水不会翻越堤防对城市安全造成影响。为了保证城市防洪排涝安全，两个部门各有自己的设计标准。市政部门采用的是较低的重现期标准，一般只有1～3年一遇，有的甚至一年几遇。而水利部门有两种设计标准，分别是防洪标准和排涝标准，其重现期一般较高，范围也很宽，防洪标准可从5年一遇到最高万年一遇。在工作中，对于城市防洪、城市排涝，以及城市排水三种设计标准的概念往往比较模糊，容易弄混。

要搞清楚城市防洪、排涝及排水3种设计标准的区别，先要明白洪灾与涝灾的区别。按水灾成因划分，洪灾通常指城市河道洪水（客水或外水）泛滥给城市造成的严重损失，而涝灾则是指由于城区降雨而形成的地表径流，进而形成积水（内水）不能及时排出所造成的淹没损失。为了保护城市免受洪涝灾害，需要构建城市防洪排涝体系。

一个完整的防洪排涝体系包括防洪系统和排涝系统。防洪系统是指为了防御外来客水而设置的堤防、泄洪区等工程设施，以及非工程防洪措施，建设的标准是城市防洪设计标准；而排涝系统包括城市雨水管网、排涝泵站、排涝河道（又称内河）、湖泊及低洼承泄区等，城市管网、排涝泵站的设计标准一般采用的是市政部门的排水标准，排涝河道、湖泊等一般采用水务部门的城市排涝设计标准。

在规划设计上，排水管网采用的是将暴雨强度公式计算的一定重现期的流量作为设计标准，这个重现期是指相等的或更大的降雨强度发生的时间间隔的平均值，一般以年为单位。重现期一般采用0.5～3年，重要干道、重要地区或短期积水即能引起较严重后果的地区，一般采用3～5年，更重要的地区还可以更高，如北京天安门广场的雨水管道，是按照特别重要的排水标准采用设计重现期等于10

年进行设计的。

城市防洪、排涝及排水三种设计标准的区别与联系主要表现在以下4个方面。

1.适用情况不同

城市排涝设计标准主要应用于城市中不具备防洪功能的排涝河道、湖泊、池塘等的规划设计中,主要计算由区域内暴雨所产生的城市"内涝";而城市防洪标准主要应用于城市防洪体系的规划设计,包括城市防洪河道、堤防、泄洪区等,沿海城市还包括挡潮闸及防潮堤等。其涉及的范围不但包括区域内暴雨所产生的城市"内涝",还包括江河上游地区及城市外围产生的"客水"。城市排水设计标准主要应用于新建、扩建和老城区的改建、工业区和居住区等建成区,它以不淹没城市道路地面为标准,对管网系统及排涝泵站进行设计。

2.重现期含义的区别

城市防洪设计标准中的重现期是指洪水的重现期,侧重"容水流量"的概念;城市排涝设计标准与城市排水设计标准中的重现期,是指城市区域内降雨强度的重现期,更侧重"强度"的概念。

另外,城市排涝设计标准和城市排水设计标准中的重现期的含义也有区别。城市排涝设计标准中的重现期采用年一次选样法,即在n年资料中选取每年最大的一场暴雨的雨量组成n个年最大值来进行统计分析。由于每年只取一次最大的暴雨资料,所以在每年排位第二、第三的暴雨资料就会遗漏,这样就使得这种方法推求高重现期时比较准确,而对于低重现期,其结果就会明显偏小。城市排水设计标准中暴雨强度公式里面的重现期采用的是年多个样法,即每年从各个历时的降雨资料中选择6~8个最大值,取资料年数3~4倍的最大值进行统计分析,该法在小重现期时可以比较真实地反映暴雨的统计规律。

3.突破后危害程度不同

洪水对整个流域内经济社会的危害程度要远远大于一场暴雨对一个城市的危害程度。比例呈增长趋势,这一特点在南方流域中下游平原地区和城市表现得尤为突出。经分析,在我国水灾损失中,涝灾损失约为洪水的2倍。分析其原因,主要是随着城市化进程的加快,城市向周边地区高速扩张,这些地区又往往是低洼地带。城市不透水面积的增加,导致地表积涝水量增多,加之在城市发展过程中对涝水问题往往缺乏足够的认识,排涝通道和滞蓄雨水设施不充分,因而造成一旦发生较强的降雨就出现严重内涝的情况。

4.外洪内涝之间具有一定程度的"因果"关系

城市外来洪水和城市内涝之间存在相互影响、相互制约、相互叠加的关系：行洪河道洪水水位高，则涝水难以排出；而城市排涝能力强，则会增加行洪河道的洪水流量，抬高河道水位，加大防洪压力和洪水泛滥的可能性；当出现流域性洪水灾害时，平原发生洪水泛滥的地区通常已积涝成灾。城市防洪标准与城市排涝标准的接近程度与流域面积的大小有关系，流域面积越小，二者标准越接近，这是由于越小的流域内普降同频率暴雨的可能性越大。在一个较大流域内，不同地区可能发生不同重现期的暴雨，而整个流域下游河道形成的洪水的重现期可能大于流域内大部分地区暴雨的重现期，而两者的关系还取决于各地区排涝设施的完善程度。对于小流域来说，二者常常等同。

（二）相关水力设计

1.流量和水位

城市水利工程定量的分析和设计需要进行水文、水力、泥沙、结构稳定等方面的计算，推求设计流量和相应水位是所有工作的第一步，也是关键的一步。城市河湖流量和水位往往不是单一的，应考虑多个流量和水位条件。

城市河道的设计洪水流量是根据汇流区域的暴雨资料排频推求出来的，具有发生时间短、流量大的特点，需要的河道断面尺寸比较大，而平时的枯水流量或基流又很小，这样就造成洪水位和枯水位之间相差很大，为了适应这种条件，设计中城市河道往往做成复式断面结构。断面中，岸顶或堤防顶高程是根据洪水位确定的，步行道或亲水平台高程是根据常水位确定的。滨水植物一般在枯水位和常水位之间生长，常水位至洪水位间的区域很少被淹没，是陆生植物与动物的理想栖息地，河边湿地、景观节点也主要分布在这一区域。

在不同的流量条件下，流速随着流量的加大相应变大，当流量达到出槽（出滩）水位时，河道流速一般情况下会逼近最大值。很多观测资料已经证明，在水位上升阶段，水流溢出到河漫滩，横向的动量损失会导致河道水流流速降低，在这种情况下，可根据平滩水力条件进行河岸防护设计或进行河流内栖息地结构的稳定性分析。如果水流受到地形或植被的影响，随着流量的增加，河道流速会继续增加，需采用最大洪水流量条件下的参数进行河道岸坡防护和栖息地结构设计。

在工程规划设计中考虑河岸带的植物和景观设计，应进行有植被区可能淹没水深及流速的评价分析，从而指导植被物种的选取及节点铺装的选择。为了避免滩地景观建设对河道行洪安全的影响，在河岸带种植、景观设施建设中一般应满足以下要求：

（1）滩地景观节点处的铺装广场高程应与附近平均滩面平齐，广场栏杆、路灯、座凳和雕塑的排列方向应与主流方向基本一致。

（2）滩地上禁止种植一定规模的片林，减少冠木和高秆植物的种植。

（3）滩地禁止建设较大体积的单体建筑或永久性建筑。

（4）施工临时物料堆放场地应尽量安排在近堤处或堤外，禁止在大桥等河道卡口处集中堆放大量的河道疏浚开挖料。

2.设计雨洪流量

城市防洪、排涝是有紧密联系的，但是也是有区别的两个概念。一般认为：城市防洪是防止外来水影响城市的正常运作，防止外洪破城而入；城市排涝是排除城市本地降雨产生的径流。城市洪涝灾害显著的特点是内涝，即外河洪水位抬升，城区雨洪内水难以有效排除而致涝灾；外洪破城而入并非普遍现象，城市河道设计流量往往根据暴雨系列资料，按照设计标准推求雨洪流量。水利部门拟定设计暴雨的时程分配的方法，一般是采取当地实测雨型，以不同时段的同频率设计雨量控制，分时段放大，要求设计暴雨过程的各种时段的雨量都达到同一设计频率。

3.糙率

传统的河道工程一般从防洪角度出发，为了有利于行洪，不允许河道内生长高秆、高密度植物，但在城市河道工程中，为了发挥河流的生态景观功能，一般要在河道岸坡和河漫滩引入植被。但植被的引入不可避免地要改变河道水力特性，影响水流过程，降低行洪能力。为此需要进行专门的水力计算，评价河道过流能力，并采取相应的补偿措施以满足防洪需求。按照常规水力学的计算要求，需要确定河道和河漫滩的糙率。

糙率又称粗糙系数，是反映河床表面粗糙程度的重要水力参数。城市河道的糙率与河道断面的形态、床面的粗糙情况、植被生长状况、河道弯曲程度、水位的高低、河槽的冲淤，以及整治河道的人工建筑物的大小、形状、数量和分布等诸多因素有关，是水力计算的重要灵敏参数。在水力计算中，河道糙率选取得恰当与否，对计算成果有很大影响，因此在确定糙率时必须认真对待。

从实际的水文分析和经验认识中可得出，一般情况下，低水深时随着水深的减小，河床底部相对糙度和湿周的影响增大，所以糙率增大；随着水深的增加，床面影响逐渐减小，岸坡影响逐渐增大。如果岸坡是天然岩石或人工浆砌的，或虽然是土质，但相对平整、规则，且植被稀疏，河岸线顺直，河床和岸坡的综合影响对整个水流的阻力相对减小，则糙率随水深的增大而减小；如果岸坡凹凸度大，坎坷不平，岸边线不顺直，而且随水深的增加更加显著，或是随着水深的增加有了植被影响，如树林、高秆农作物，而且密度渐增等，则低水深以上可能出现糙率增大的情况。如前所述，若低水深或中等水深以上，河段平面特征、河床、岸坡、植被等情况下的阻水作用互相抵消了，则可能糙率值不变。对河道糙率的确定一般最好采用本河道实测水文资料进行推算，而对无实测资料或资料短缺的河道，参照地形、地貌、河床组成、水流条件等特性相似的其他河道的实测资料进行分析类比后选定，或用一般的经验公式来确定。

第三章

河道生态养护

第一节　一般规定

一、日照

大多数水生植物在生长期（4月至10月之间）需要充足的日照，若阳光照射不充足，会发生徒长、叶片小而薄、不开花等现象。

二、用土

除了浮水植物不需要底土外，种植其他种类的水生植物，底土须用田土、池塘淤泥等有机黏质土，在表面覆盖直径1~2cm的粗砂，可防止灌水或振动造成水混浊现象。

三、施肥

以油粕、骨粉的玉肥作为基肥，放四五斤玉肥于容器角落即可。追肥宜用化学肥料代替有机肥料，以避免水质污染，用量较一般植物稀释1/10。

四、水位

不同生长习性的水生植物，对水的深度要求不一样。浮水植物水位高低应按照茎梗长短调整，使叶浮于水面呈自然舒展状态为佳；沉水植物水要高过植株，使茎叶在水中得到自然伸展；挺水植物由于茎叶挺出水面，水深应保持50~100cm。

五、疏除

若同一水池中混合栽植各类水生植物，应定时疏除繁殖快速的水生植物，以免覆满水面，影响其他沉水植物的生长。浮水植物叶面过大时会互相遮盖，应进行分株。

第二节　水生植物养护

一、植物吸收

利用水生植物吸收湖泊中的营养盐，通过定期收割带出湖外，可将生源物质从湖泊中去除。一些水生植物的营养盐含量及生物量，挺水植物中稻科、香蒲科的植物含氮量比其他生活型（浮叶植物，沉水植物及飘浮植物）要低。但萍蓬草、豆瓣菜及水芹的含氮量却相当高。不过，稻科、香蒲科的挺水植物具有高得多的生物量，从这个意义上来说通过植物吸收后再收割带出湖外时也可以有效带走营养盐。稻科挺水植物还能通过向根部输氧，有利于脱氮作用的发挥；沉水植物具有固定底泥和促沉降、提高透明度的水质净化的功能。在选择水生植物进行净化时应该一并考虑。

湖滨带的挺水植物及湖水中的浮水植物和沉水植物如能进行收割并带出湖外，是去除营养盐的有效方式，而且即使无须种植，每年都能收获到同样数量的水生植物，但如果具有足够的利用价值才易于推动。凤眼莲（水葫芦）最适合于在富营养化水体中生长，且生长快速，适应性强，以至于在不积极利用的情况下反而成为害草，并带来水环境问题。凤眼莲不仅营养盐含量高，而且生物量也高，收割也比其他生活型的水生植物容易，因此如果能够在收获后加以积极利用，确实是回收营养盐的优良的水生植物。因为凤眼莲为外来物种，且可随风和水流移动，需要防止其流走。但是，回收的凤眼莲必须找到有效的利用方法。以前是作为饲料植物引种到我国的，但现在几乎没有人作为饲料利用。此外还有切碎后使用堆肥的利用方法。

二、湖滨带中的水生植物养护

（一）湖滨带生态修复理论与内容

湖泊生态系统的多态理论是湖滨带生态修复与重建的重要基础理论。所谓多态现象是指在同等的外部污染条件下，良好的水生植被可以使浅型湖泊保持清新的水质和较低的营养水平；相反，水生植被的丧失能使湖水污浊并跃居较高的营养水平，导致浮游藻类的大量生长。这是因为水生高等植物具有吸收水体和沉积物中的营养盐、分泌化感物质、抑制浮游植物生长、护岸和固定底泥，并促进悬浮物沉淀等多重水质净化功能。

浅水湖泊的多态现象最为明显。我国的浅水湖泊特别是长江中下游湖泊多数已处于富营养化状态，这些湖泊过去因为水生高等植物茂盛，水体自净能力较强，湖水清澈，水质优良；但是在水生高等植物消失后，湖泊水体的自净能力及对干扰的缓冲力下降，草型湖泊变为藻型湖泊，富营养化加剧，水质迅速恶化。以太湖为例，目前只有东太湖高等水生植物茂盛，仍保持着"草型清水稳态"，而太湖北部的竺山湾、梅梁湾、贡湖和五里湖的大型水生植物已严重退化甚至消失，由"草型清水稳态"转变为"藻型浊水稳态"。恢复水生高等植物已成为浅水湖泊富营养化治理和生态恢复的关键环境生态工程之一。

近年来，国内外对水生高等植物在湖泊生态系统中的作用及其恢复进行了广泛的研究，试图将以藻类为优势的浊水态水体转为以水生高等植物为优势的清水态水体。"草型清水状态"和"藻型浊水状态"均能够稳定地存在，且在强烈的外在因素干预之下有可能发生相互转化。例如人为破坏水生植被可导致由"草型清水状态"向"藻型浊水状态"转变，我国许多草型湖泊因放养草鱼而引起了这样的变化，提高水位也有可能产生类似的效果。通过调控湖泊内部环境发展沉水植物也有不少成功的先例，如降低水位以增加湖底光照，分割湖面以抑制风浪扰动，高强度换水以提高湖水透明度等。因此，多态理论告诉我们必须恢复水生高等植物，才能维持清水态湖泊生态系统，水生高等植物是湖泊浊水态—清水态之间的转换开关及维持清水态的缓冲器。

依靠沉水植物维持的草型清水状态并不是永恒的。尽管沉水植物在营养盐竞争方面相对于藻类占有优势，而且能在某种程度上分泌抑藻化感物质，但在光能的竞争方面处于劣势。因此如果外源营养盐负荷高于湖泊生态系统的自净能力，湖水中的营养盐就会过剩，必然会引起浮游藻类的生长，系统将进入一个非稳定状态，并最终完成以浮游藻类优势取代沉水植物优势的过程，滑落到"藻型浊水状态"。因此，水生植被的恢复还必须和其他外源、内源负荷的削减技术相结合，通过削减湖泊的营养盐状况来保持"草型清水状态"。

湖滨带的生态修复包括3个方面的内容。湖滨带生境修复。湖滨带生境修复的目标是提高生境的异质性和稳定性，为生态系统修复创造条件。湖滨带生境修复主要包括湖滨带基底修复和水质修复，其中水质修复事实上是要求改善湖泊水质，这对于沉水植物更为重要。例如，富营养化湖泊水体透明度低是水生高等植物生存的主要压力之一，由于水体透明度低，水下光照不足，水生高等植物尤其是沉水植物无法获得足够的光能生长。而基底修复技术包括物理基底改造技术、生态堤岸技术、水土流失控制技术、生态清淤技术等。对于风浪冲刷强烈的湖岸区，基底修复还应包括构筑潜坝消浪，同时应尽可能使原来陡峭易蚀的湖岸区平缓化、稳定化，以适合水生植物的生存和定居。湖滨带生物恢复主要包括水生植物物种选育和栽培管理技术。具体地说是要筛选对现有富营养化水环境具有一定耐性的当地种，并建立相应的成活率高的栽培方法及其后的管理方法，因此这是一项非常重要的工作。湖滨带生态系统结构与功能修复主要包括生态系统结构及功能的优化配置与调控技术、生态系统稳定化管理技术、景观设计技术等。由于湖滨带的景观类型和土地利用性质的不同，湖滨带生态修复工程模式可划分为滩地模式、河口模式、陡岸模式、鱼塘模式、农田模式、堤防模式等多种类型，要求进行不同的生态工程规划和设计。

（二）湖滨带生态修复中的对象生物

构成湖滨带生态系统的生物群落有浮游藻类、原生动物、甲壳类、昆虫、鱼类、两栖类、爬虫类、鸟类、哺乳类、水生植物和陆生草本植物，以及陆生灌、乔木等。采用生态工程学方法提高水质改善效果时，微生物群落（位于食物链中低营养级位的细菌和高营养级位的原生动物及后生动物）及作为初级生产者的水生植物起着关键作用。

浮游生物包括浮游植物和浮游动物。浮游植物是水生食物链的基础，属于初级生产者，它利用水中的氮、磷等营养物质和二氧化碳并通过光合作用制造有机物质，形成生物体。这同时也使溶解性的营养物质转化为固体生物质。浮游植物有硅藻、蓝藻、绿藻等；浮游动物有原生动物、轮虫、甲壳纲动物。浮游动物属于一级消费者，吃食悬浮态的细菌和藻类，因此对于水体透明度的提高起着重要的作用。

附着生物指附着在底泥表面、堤岸构筑物表面、水生植物水下部分等营生的生物，主要为细菌、硅藻类、原生动物等。特别是堤岸的砾石表面存在着高密度的附着生物，浸入水中的砾石表面常常特别湿滑就是由于附着生物的存在。与浮游动物一样，附着生物中也多为滤食性的生物，因此可通过捕食悬浮生物而有利于提高水体透明度。

底栖生物参与水底有机残骸的分解，主要为贫毛类（水生蚯蚓）、水生昆虫等。底栖生物在腐生食物链中占有重要位置。此外，蜻蜓幼虫、摇蚊幼虫等水生昆虫还将捕食的水底有机体同化，并在羽化后将水体营养盐和有机物带出水体之外。

鱼类有食藻类、食草类、食肉类和杂食类之分，因食性的不同在湖泊生态系统中所占的营养级位也不同。一方面，鱼类往往位于食物网中的高营养级位，另一方面又是鸟类和人类的捕食对象。值得注意的是，如果在移植的水生植物稳定定居以前移入鱼类和两栖类等生物，往往会妨碍植物的成功定居。

水生植物：所谓水生植物就是以水为生存及生长场所的植物。狭义的水生植物是指植物的生活是必须在有水的环境中完成，也就是说该水生植物一生都必须生活在水中。广义的水生植物则还包括湿生植物，也就是这类型水生植物生活史中有一段时期生长于水中或生长于饱和含水量的土壤上。水生植物按照生长习性可以分为两类：固着性植物，需要停留在固定地点的水生植物，也就是必须借助根固定在土中或者附着在水下的土壤或岩石上的植物，例如睡莲或荷花等；漂浮植物也就是有根但不长在土中，而是跟着水流或风力到处移动的水生植物，例如浮萍等。

固着性的水生植物又分为三类：沉水植物，整个植物完全淹没在水中。浮叶植物，叶需要透气而浮在水面。挺水植物，叶片透出水面。

水生植物在湖泊生态系统中发挥着重要的生态功能，水生植物茂盛则水质清澈、水产丰富、湖泊生态稳定；缺乏水生植物则水质混浊、水产贫乏、湖泊生态脆弱。湖泊水生植物的重要环境生态功能已经为人们所认识，保护和恢复水生植被已被作为保护和治理湖泊环境的重要生态措施。

作为生态系统中的初级生产者且具有重要水质净化功能的水生植物往往在生态修复与重建的初期阶段就开展移植。挺水、沉水、浮水、漂浮4大类水生植物中，除沉水植物外，其他3类水生植物均可以在富营养化的水体中生活，尤其是芦苇、香蒲等挺水植物比较易于生根成活。沉水植物是浮游动物的重要栖息空间，而浮游动物又是提高水体透明度的重要因素。另一方面，菱等浮叶植物有可能占据大片开放水面，在水体透明度不高的地方也有可能因光线照不到水中的叶片而无法成活。因此，在移栽水生植物时，应充分考虑水深的变化、基底的改善等。

在湖滨带生态修复与重建工作中，在生物学方面，应力争移入当地种，并应选择在该生境具有发展潜力的生物种；在工程学方面，应努力使得环境异质性和生态位的多样性高。

但原则上应移入当地种。即使是同一生物种，也因地区的不同常常分化为几个亚种，个体的特征和生活史具有微妙的差异。因此，生物种应从相近的生态系统中采集生物个体、卵、幼苗等。如果移入外来种，很可能会出现两种极端的情况：不适应于环境而灭亡；缺乏天敌而疯长。这两种极端情况都是难以接受的。

选择的物种还应对湖泊流域的气候水文条件有较好的适应能力；应优先考虑对氮磷营养盐有较强去除能力的物种；选择物种时还应该考虑具有较强的繁殖能力与竞争能力，栽培容易，管理方便，有一定经济利用价值、景观美化价值等。

从生态学理论可知，生态系统中物种多样性越高，食物网越复杂，系统就越稳定。同时，生态学的基本理论告诉我们，在复杂的、异质性高的环境中物种多样性更高。因此，在湖滨带生态修复与重建时，应该创造生态位多样性高的复杂的环境结构。具体的实例有：让水位深和水位浅的地方交织存在；设置挺水植物、沉水植物、浮叶植物的生境，以及无植物的开放水面；尽量采用自然缓坡型的泥质基底，采用人工硬质堤岸时应尽量使用多孔的石砌堤岸（不用混凝土）等。

（三）湖滨带植物恢复技术

1.湖底光环境的改善

许多水生植物的种子和营养繁殖体的萌发需要光诱导，沉水植物对湖底光照强度更是敏感，一般要求不低于水面光照强度的5%，这个光照强度大约在2.5倍透明度的深度。事实上，在水生植物中，沉水植物的恢复工作最难，因为沉水植物生长在水下，而富营养化湖泊往往透明度低，在难以保证沉水植物生长繁殖所需的湖底光照度的情况下，需要在恢复工作实施前通过人工辅助措施对湖底光照条件进行必要改善。一般可以通过以下5个途径来改善湖底光照：

（1）适当降低水位，提高湖底光照强度，促进水生植物繁殖体的萌发和生长。

（2）强制换水，改善水质，提高湖水的透明度，增加湖底光照强度。

（3）通过生物控制、化学药剂控制或机械除藻等方法减少藻类数量，提高湖水透明度并减轻有机污染。

（4）对于小型湖泊，在早春季节的水生植物萌发时期，可以考虑投撒没有负效应的絮凝剂以提高湖泊透明度。

（5）在风浪引起的机械损伤，或水质混浊成为水生植物生存、发育的主要限制因子的情况下，有必要考虑消浪的工程措施。

2.湖滨带的群落配置

湖滨带的群落配置包括水平空间配置和垂直空间配置。水平空间配置指湖泊不同的湖滨区配置不同的植物群落。一般根据湖滨带功能区的不同，所配置的植物群落可分为水质净化型植物群落（配置于水质较差湖滨区，一般为耐污性，水质净化能力强）、经济价值型植物群落（配置于污染较轻的湖滨区，一般为经济价值较高的，生长快和易于收获）和观赏型植物群落（配置于观景湖滨区，具有观赏性和美学价值，起到景观美化的效果）。

垂直空间配置指在不同的水深条件下配置不同的植物群落。不同的水生植物群落适应于不同的水深条件，例如湿生植物只能生长在湿润的滩地上；挺水植物群落分布上限可以高出最高水位线，分布下限可以达到最低水位线下1m左右的浅水区。某些沉水植物群落（如范草、马来眼子菜等）也只能分布于浅水区；而一些沉水植物（例如苦草）则常分布于较深水区。从湖岸向湖心方向，湖滨带一般呈现由浅水至深水的连续性变化，需要配置与水深相适合的水生植物群落。除了考虑不同湖滨区的水质和水深条件外，在进行水生植物群落的配置时还应考虑基底条件的差异。一般而言，硬质的沙砾质基底营养缺乏且不利于扎根，而泥质基底既有利于水生植物的扎根生长和繁殖，又富含营养物质，是水生植物适宜的基底条件。不同的水生植物对于基底的要求也有差异，在选择植物时应加以考虑。例如大部分水生植物无法在沙砾质基底上生长，但某些宿根性多年生挺水植物却能借助其发达的根状茎和根系扩展繁殖，并通过其促淤作用逐渐形成沉积物。红线草、微齿眼子菜多分布于砂质的底泥中，马来眼子菜多分布于砂质和黏质底泥处，黑藻大多分布于泥沙质或含多量腐殖质的泥沙中，狐尾藻多分布于有机质含量较多的黑色淤泥中，竹叶眼子菜多分布于砂质至泥沙质底泥中，笔齿眼子菜、金鱼藻多分布于泥沙质的底泥中。

但是，如果受污染的湖泊中底泥越积越多，底泥中有机质含量的增加使得表层沉积物密度和稳定度减小，成半流体状态，这样的底泥为还原性腐泥，不利于沉水植物的着生。

3.水生植物的种植

在湖滨带生态修复的过程中，水生植物的成功种植是一个非常重要的环节。水生植物的繁殖方法一般分为种子繁殖和植物营养体繁殖两种，其种植方法因不同生活型的植物而异，有些有成熟的技术可供参考（尤其是具有较高经济价值的水生植物），有些可开展科学探索后进行决定。这里以芦苇为例，介绍种植的相关方法及注意事项。芦苇等挺水植物大多为宿根性多年生植物，可以通过地下根状茎进行繁殖。这些植物在早春季节发芽，发芽之后进行分枝带根移栽，成活率很高。在湖水比较深的地段也可以移栽比较高的苗，但应保持1/3以上的地上部分挺出水面。芦苇还可以采用种子繁殖，既可以直接播种，也可以在精心准备好的苗床上育苗后再移栽到现场。带休眠芽的根状茎还可以在早春发芽前直接栽植，但发芽时应保持湿润、无淹水层的状态，随着苗的长高再恢复原有水位。这几种种植方法各有优缺点。芦苇的种植可以在试验研究的基础上选择合适的种植方式，不同种植方式对于芦苇根茎的发芽情况的影响如下：

（1）不同水位条件下芦苇根茎的发芽情况。将芦苇根状茎切成小节，每一小节带一个休眠芽，于人工气候室中埋入不同水深条件下的土壤中（土壤表面以下1cm左右），水深条件为：潜水位（-8cm）、浅水位（2cm）、深水位

（15cm）和变水位（2cm/15cm，每周一转换）。不同水深条件下芦苇的发芽情况：15cm深水位和2cm/15cm变水位在两个温度下都没有发芽。在25℃条件下，潜水位6日后全部发芽，最终发芽率100%。浅水位（2cm）最终发芽率12.5%。在15℃条件下，潜水位最终发芽率为50%。浅水位全部未发芽。

发芽实验的结果表明：25℃比15℃更有利于芦苇的发芽；同一温度下，潜水位比淹水位更有利于芦苇的发芽，而浅水位又比深水位更有利于芦苇的发芽；25℃下潜水位的芦苇发芽率达到100%。上述实验结果表明：当以根茎方式种植芦苇时，若要获得更高的发芽率，应该选择较温暖的天气（建议日最高气温大于20℃），并且在发芽初期，应该保持潜水位，即以土壤表面不存在积水为宜。

为了明确造成上述差异的原因，考察了光照、温度、氧化还原电位等生态条件。由于在同一人工气候室内进行培养，不同水位的光照条件和温度条件基本相同。但由于水位条件的不同，造成氧化还原电位（供氧状况）的明显差异。发芽率高的潜水位土壤氧化还原电位要高于2cm浅水位，2cm浅水位又高于15cm深水位和2cm/15cm变水位。潜水位供氧状况最好（氧化还原电位最高），最有利于芦苇的发芽。这说明，对芦苇根状茎的氧气供应可能是芦苇发芽的制约因素。

（2）不同水深条件下芦苇幼苗的生长。在芦苇小节栽植培养4周后，测定了已发芽并生长出幼苗的芦苇的株高，然后收割，于烘箱内烘干，测定其干重。尽管潜水位最有利于芦苇发芽，淹水反而更有利于幼苗的生长发育。因为只要保持一部分地上部分挺出水面，芦苇地上部分具有能够向地下部分输氧的能力，可以保证其根部的氧气需求，由此说明淹水条件下有利于芦苇植株的生长（这一结论在室外实验中得到了进一步的证实）。另外，较高的温度既有利于芦苇的发芽，也有利于其幼苗的生长发育。

（3）采用发芽前的根茎进行芦苇种植的方法。根据上述研究结果，提出了一种采用发芽前的根茎为材料的、发芽率与成活率高的芦苇种植方法。该方法在随后的室外实验中也得到了进一步证实。

通过隔水措施（隔水畦）将水边环境中常年最高水位低于1m的需要建立芦苇湿地的部分与水体隔开，并使用抽水机将该部分水抽干。如该水边环境常年无积水，则无须建隔水畦。采集带休眠芽但尚未发芽的芦苇根茎，然后切成小节，每小节带一个休眠芽。一般一条芦苇根茎可获得4～7小节（每小节5～8cm）。在平均气温150℃至250℃的季节，按照40～90cm的等间距栽种芦苇根茎小节，使休眠芽位于地表以下约1cm。从芦苇根茎的采集直至栽种完毕，使根茎保持湿润（浸入水中）。

待芦苇幼苗生长到一定高度（大于20cm），逐渐恢复淹水层。恢复水位时，须确保芦苇的最高生长点超过水面10cm以上。对于常年无积水的水边环境，无须该步骤。当芦苇生长点高于抽水前实际自然水位10cm以后，撤离隔水畦，使之恢复到自然淹水状况。对于常年无积水的水边环境，无须该步骤。

三、水源涵养林

水源涵养林是调节、改善水源流量和水质的一种防护林，也称水源林。是以涵养水源，改善水文状况，调节区域水分循环，防止河流、湖泊、水库淤塞，以及保护可饮水水源为主要目的的森林、林木和灌木林。主要分布在河川上游的水源地区，对于调节径流，防止水、旱灾害，合理开发利用水资源具有重要意义。

（一）水源涵养林营造技术

1.设计原则

新建水源涵养林工程设计应根据立地类型、造林树种的生物学特性、植被现状及土壤侵蚀的风险程度确定林地整理的方式、规格和时间，并应符合下列规定：

（1）整地要求除河滩等平缓地外，凡5°以上坡度的造林地不应采取全面整地的方式，减少对原有植被的破坏。

（2）整地方法应采用穴状整地、鱼鳞坑整地、水平阶整地、水平沟整地、窄带梯田整地等方法。

（3）整地时间宜提前整地。春季造林，应提前到前一年雨季，不晚于前一年秋季；雨季造林，应提前到当年春季或不提前；秋季造林，应提前到当年雨季或雨季前。南方雨量充沛地区，应在造林的前一个月整地。

（4）栽植配置应采用正方形或三角形等配置，宜采用三角形或"品"字形排列。

2.林地配置和造林整地

在不同气候条件下取不同的配置方法。在降水量多、洪水危害大的河流上游，宜在整个水源地区全面营造水源林。在因融雪造成洪水灾害的水源地区，水源林只宜在分水岭和山坡上部配置，使山坡下半部处于裸露状态，这样春天下半部的雪首先融化流走，上半部林内积雪再融化就不致造成洪灾。为了增加整个流域的水资源总量，一般不在干旱、半干旱地区的坡脚和沟谷中造林，因为这些部位的森林能把汇集到沟谷中的水分重新蒸腾到大气中去，减少径流量。总之，水源涵养林要因时、因地、因害设置。水源林的造林整地方法与其他林种无重大区别。中国南方低山丘陵区降雨量大，要在造林整地时采用竹节沟整地造林；西北黄土区降雨量少，一般用反坡梯田（见梯田）整地造林；华北石山区采用水平条整地造林。在有条件的水源地区，也可采用封山育林或飞机播种造林等方式。

3.经营管理

水源林在幼林阶段要特别注意封禁，保护好林内，以促进养分循环和改善表层土壤结构，利于微生物、土壤动物（如蚯蚓）的繁殖，尽快发挥森林的水源涵养作用。当水源林达到成熟年龄后，要严禁大面积全部砍伐，一般应进行弱度择伐。重要水源区要禁止任何方式的采伐。

（二）水源涵养林树种选择

（1）水源涵养林造林树种及其比例的选择应依据树种特性、立地类型、效益发挥等因素综合确定，选择水源涵养功能好的造林树种，并应重视乡土树种的选优和开发。

（2）水源涵养林造林树种应选择抗逆性强、水耗低、保水保土能力好、低污染和具有一定景观价值的乔木、灌木，重视乡土树种的选优和开发。

（3）营造水源涵养林应选用优良种源、良种。水源涵养林的造林树种应具备根量多、根域广、林冠层郁闭度高（复层林比单层林好）、林内枯枝落叶丰富等特点。因此，最好营造针阔混交林，其中除主要树种外，还要考虑合适的伴生树种和灌木，以形成混交复层林结构。同时选择一定比例深根性树种，加强土壤固持能力。在立地条件差的地方，可考虑以对土壤具有改良作用的豆科树种做先锋树种；在条件好的地方，则要用速生树种作为主要造林树种。

四、人工湿地养护

（一）人工湿地的构造

人工湿地系统水质净化技术作为一种新型生态污水净化处理方法，其基本原理是在人工湿地填料上种植特定的湿地植物，从而建立起一个人工湿地生态系统。当污水通过湿地系统时，其中的污染物质和营养物质被系统吸收或分解，而使水质得到净化。人工湿地一般都由以下5种结构单元构成：底部的防渗层；由填料、土壤和植物根系组成的基质层；湿地植物的落叶及微生物尸体等组成的腐质层；水体层和湿地水生植物（主要是根生挺水植物）。

（1）水生植物。第一，植物可以有效地消除短流现象；第二，植物的根系可以维持潜流型湿地中良好的水力输导性，使湿地的运行寿命延长；第三，通过其中微生物的分解和合成代谢作用，能有效地去除污水中有机污染物和营养物质；第四，水生植物能够将氧气输送到根系，使植物根系附近有氧气存在，通过硝化、反硝化、积累、降解、络合、吸附等作用而显著增加去除率；第五，致密的植物可以在冬季寒冷季节起到保温作用，减缓湿地处理效率的下降。

（2）基质层是人工湿地的核心。基质颗粒的粒径、矿质成分等直接影响着污水处理的效果。目前人工湿地系统可用的基质主要有土壤碎石、砾石、煤块、细砂、粗砂、煤渣、多孔介质、硅灰石和工业废弃物中的一种或几种组合的混合物。基质一方面为植物和微生物生长提供介质，另一方面通过沉积、过滤和吸附等作用直接去除污染物。

（3）防渗层是为了防止未经处理的污水通过渗透作用污染地下含水层而铺设的一层透水性差的物质。如果现场的土壤和黏土能够提供充足的防渗能力，那么压实这些土壤做湿地的衬里已经足够。

（4）腐质层中主要物质就是湿地植物的落叶、枯枝、微生物及其他小动物的尸体。成熟的人工湿地可以形成致密的腐质层。

（5）水体在表面流动的过程就是污染物进行生物降解的过程，水体层的存在提供了鱼、虾、蟹等水生动物和水禽等的栖息场所。人工湿地建设施工过程中要遵循以下要求：①施工前期准备的主要任务是清除和平整场地，清除工程应包括运走场地内的垃圾、树木及其他障碍物；②潜流人工湿地周边护坡，宜采用夯实的土壤构建，坡度宜为2∶1～4∶1，在夯实过程中，应考虑土壤的湿度，不得在阴雨天施工，围堰建成后，应进行表面防护，如种植护坝植被等；③基质铺设过程中应从选料、洗料、堆放、撒料4个方面加以控制；④基质应进行级配、清洁，保证填筑材料的含泥（砂）量和填料粉末含量小于设计要求值；⑤人工湿地植物宜从专门的水生植物基地采购，种植时应有专业人员指导；⑥人工湿地防渗材料采用聚乙烯膜时，应有专业人员用专业设备进行焊接。焊接结束后，需进行防渗试验。

（二）人工湿地去除污染物机理

1.有机物的去除

人工湿地对有机物有较强的净化能力，污水中的不溶有机物通过湿地的沉淀、过滤作用，可以很快被截留下来而被微生物利用；污水中的可溶性有机物则可通过植物根系生物膜的吸附、吸收及生物代谢过程而被分解去除。国内有关学者对人工湿地净化城市污水的研究表明，在进水浓度较低的情况下，人工湿地对BOD_5的去除率可达85%～95%，对COD的去除率可达80%，处理出水BOD_5的浓度在10mg/L左右，SS小于20mg/L。随着处理过程的不断进行，湿地床中的微生物相应地繁殖生长，通过对湿地床填料的定期更换及对湿地植物的收割而将新生的有机体从系统中去除。

2.氮的去除

湿地进水中的氮主要以有机氮和氨氮的形式存在，氨氮被湿地植物和微生物同化吸收，转化为有机体的一部分，可以通过定期收割植物使氮得以部分去除，有机氮经氨化作用矿化为氨氮，然后在有机碳源的条件下，经反硝化作用被还原成氮气，释放到大气中去，达到最终脱氮的目的。存在于根系周围的氧化区（好氧区）、缺氧区和还原区（厌氧区），以及不同微生物种群的生物氧化还原作用，为氮的去除提供了良好的条件。微生物的硝化和反硝化作用，在氮的去除中起着重要作用。

3.磷的去除

湿地对磷的去除是通过微生物的去除、植物的吸收和填料床的物理化学等几方面的协调作用共同完成的。污水中的无机磷一方面在植物的吸收和同化作用下合成为ATP、DNA和RNA等有机成分，通过对植物的收割而将磷从系统中去除；另一方面，通过微生物对磷的正常同化吸收。此外，湿地床中填料对磷的吸收及填料与磷酸根离子的化学反应，对磷的去除亦有一定的作用。

4.悬浮物的去除

进水悬浮物的去除是在湿地进口处5~10m完成，这主要是基质层填料、植物的根系和茎、腐殖层的过滤和阻截作用，所以悬浮物的去除率高低决定于污水与植物及填料的接触程度。平整的基质层底面及适宜的水力坡度能有效提高悬浮物的去除效率。

（三）人工湿地植物配置

人工湿地系统水质净化的关键在于工艺的选择和对植物的选择及应用配置，因此，科学的选择和配置水生植物对人工湿地系统和景观的营建具有极其重要的意义。水生植物在人工湿地中的配置不仅仅要考虑到它的景观效果，同时还要考虑到它的生态效益，要形成生态良好的植物群落，才能真正达到污水处理的功效，起到美化丰富水体景观、维护生物多样性的效果。

1.从景观功能角度配置水生植物

（1）水域宽阔处的水生植物配置：此配置应以营造水生植物群落景观为主，主要考虑远观。植物配置注重整体大而连续的效果，主要以量取胜，给人一种壮观的视觉感受。如荷花群落、睡莲群落、千屈菜群落或多种水生植物群落组合等。

（2）水域面积较小处的水生植物配置：此配置主要考虑近观，更注重植物单体的效果，对植物的姿态、色彩高度有更高的要求，运用手法细腻，注重水面的镜面作用，故水生植物配置时不宜过于拥挤，以免影响水中倒影及景观透视线。配置时水面上的浮叶及漂浮植物与挺水植物的比例要保持恰当，一般水生植物占水体面积的比例不宜超过1/3，否则易产生水体面积缩小的不良视觉效果，更无倒影可言。水缘植物应间断种植，留出大小不同的缺口，以供游人亲水及隔岸观景。

（3）人工溪流的水生植物配置：人工溪流的宽度、深浅一般都比自然河流小，一眼即可见底，此类水体的宽窄、深浅是植物配置重点考虑的因素，一般应选择株高较低的水生植物与之协调，且体量不宜过大，种类不宜过多，只起点缀作用。

2.从生态功能角度配置水生植物

在人工湿地中配置水生植物，不能当作是在园林水景中配置，只把好看放在第一位、美观代替一切的设计是不正确的，否则结果往往会适得其反，导致蚊蝇滋生、水生植物生长失控、水体发黑发臭等负面效应出现。在设计时，一定要以人工湿地的水质处理作为设计依据，模拟自然湿地生物生态群落系统，形成由"挺水植物—浮叶植物—漂浮植物—沉水植物"优化组合的良好生态群落，防止单一种群的侵害，同时也抑制了低等藻类植物的水体富营养化。可以采用人工湿地植物塘床系统。人工湿地塘床系统中的大型水生植物群落是人工湿地生态系统的骨架，起着支撑系统的作用，同时还发挥着净化、美化、绿化环境的作用。

五、自然湿地养护

自然湿地指天然或人工形成的沼泽地等带有静止或流动水体的成片浅水区，还包括在低潮时水深不超过6m的水域。湿地与森林、海洋并称全球三大生态系统，在世界各地分布广泛。湿地的功能是多方面的，它可作为直接利用的水源或补充地下水，又能有效控制洪水和防止土壤沙化，还能滞留沉积物、有毒物、营养物质，从而减少环境污染；它能以有机质的形式储存碳元素，减少温室效应，保护海岸不受风浪侵蚀，提供清洁方便的运输方式。它因有如此众多而有益的功能而被人们称为"地球之肾"。湿地还是众多植物、动物特别是水禽生长的乐园，同时又向人类提供食物（水产品、禽畜产品、谷物）、能源（水能、泥炭薪柴）、原材料（芦苇、木材、药用植物）和旅游场所，是人类赖以生存和持续发展的重要基础。

湿地在淡水循环中发挥着重大作用，许多湿地具有去除水体有机物质、无机物质和有毒物质的功能。进入湿地中的水体，由于流速降低，引起沉积，沉积物对化学物质吸收，再次沉积下来，使水质净化。进入水体生态系统的许多污染物质吸收在沉积物表面或黏土的分子链内，湿地中的有氧、厌氧过程的变化，促进反硝化作用、化学沉淀作用和其他化学反应，去除水体中的某些化学物质。某些湿地特别是沼泽和洪泛平原缓慢的水流速度有助于沉积物的沉积，污染物（重金属）黏结在沉积物上随同沉积物沉积而积累起来，也有助于与沉积物结合在一起的污染物储存、转化，使水质得以净化。许多湿地第一性生产速率高，导致植被对矿物质高速率吸收，随着植物的死亡而沉积下来。一些湿地植物能有效地吸收污染物，例如湿地中的许多浮水、沉水植物能够在组织中富集重金属的浓度比周围水体高出10万倍以上。水葫芦、香蒲和芦苇都已被成功的用来处理污水。湿地的净水功能十分突出，能够清除土壤中的氮、磷污染，是人类生产生活污水的天然"过滤池"。但是我们也必须认识到，湿地吸纳沉积物、营养物和有毒物质的能力是有限的，不能仅仅依靠湿地来缓解过量的沉积物、营养物和有毒物质，而要改变流域内土地利用方式来控制有毒物的过量排入。另外，许多湿地会形成泥炭积累，使得许多化学物质长期保存在泥炭中。

　　湿地一般都位于地表水和地下水的承泄区，一般分布于地貌低洼部位，是上游水源汇聚地，具有分配和均化河川径流的作用，是流域水文循环的重要环节。同时由于湿地土壤的特殊水文物理性质，使湿地能稳固海岸线及控制土壤侵蚀，成为天然蓄水库，对河川径流起重要的调节作用，洪水能被湿地储存于土壤之中，或以表面水的形式保存于湖泊和沼泽中。这一方面直接减少了下游的洪水量；另一方面，一部分储存的洪水在一定时间内逐渐排放出来，或在流动的过程中通过蒸发和下渗成为地下水而被排出。同时湿地中生长的植物也减缓了洪水的流速，削减洪峰，均化洪水，洪水进入湿地后，洪峰降低，退水时段增长，这样就避免了洪水在同一时间内到达下游。湿地通过拦截径流、蓄积暴雨的方式来改变洪峰高度，减少洪灾发生。江湖一体的水系格局，使湿地成为洪水的主要调蓄区。据实验，沼泽对洪水的调节系数与湖泊相近。沼泽土壤具有巨大的持水能力，因此称为"生物蓄水库"。三江平原泥炭层的饱和持水量在500%~800%，高者可达900%；草根层持水量一般在300%~800%，沼泽径流模数小于耕地，一次降水产生的流量沼泽明显小于耕地。湿地既可作为表面径流的接收系统，也可以是一些河流的发源地，地表径流源于湿地而流入下游系统。

第三节　生态浮岛养护

一、生物浮岛技术背景

人工浮岛技术是按照自然界自身的规律，运用无土栽培技术原理，采用现代农艺与生态工程措施综合集成的水面无土种植植物技术，人工把高等水生植物或改良的陆生植物无土种植到富营养化水域水面上，通过植物根系的截留、吸收、吸附作用和物种竞争相克机理，水生动物的摄食，以及栖息期间的微生物的降解等作用，削减水体中的氮、磷及有害物质，达到水质净化的目的，同时营造景观效果。

在水污染治理方面，陆生高等植物，如粮食油料作物、蔬菜、花卉和牧草等，在污染水体净化方面有着广阔的应用前景。人工生物浮岛的研究可追溯到早期中美洲如墨西哥，当地农民利用芦苇编成筏子，上铺泥土种植玉米等。在缅甸，农民利用湖泊中天然生长的植物根茎聚集起来的浮垫，在上面种植蔬菜等农作物。

二、生物浮岛净水机理

就目前国内外人工浮岛技术的研究现状来说，人工浮岛技术水体修复的机理研究并不完善。目前，学术界比较公认的人工浮岛技术原理有两个方面：首先，通过人工浮岛的植物吸收及其根部的吸附原理，从水体中带走氮、磷及有机污染物，从而达到净化水体的效果；其次，人工浮岛技术可改变局部的生态环境，建立有利于多种生物生存的空间，形成局部生态的良性循环，从而创造优美的水环境。

（1）物理作用。浮岛上的水生植物的存在减小了水中的风浪扰动、降低了水流速度，并减小了水面风速，这为悬浮固体的沉淀去除创造了更好的条件，并减小了固体重新悬浮的可能性。

（2）富集作用。植物需要氮、磷等营养物质，以维持生长和繁殖的需要。有根的植物通过根部摄取营养物质，某些浸没在水中的茎叶也从周围的水中摄取营养物质。有机物被植物吸收的程度与污染物的憎水性相关，也与植物的类型和水样等有关，水生维管束植物能够大量直接吸收营养物质然后积累在植物体内。一般来说，水生植物产量较高，致使大量的营养物被固定在其生物体内，当收割后，营养物就能从系统中去除。

（3）生化作用。在人工浮岛的植物净化污水的过程中，相关的生化反应也起到很大作用，生物浮岛的生化作用主要表现在3个方面：第一，有大量的光合作用产生的氧气和大气中的氧气直接输送到植株各处，并向水中扩散；第二，根系通过释放氧气氧化分解根系周围的沉降物；第三，植物的生化作用使水体底部和基质土壤形成许多厌氧和好氧区，为微生物活动创造条件，进而形成"根际区"。植物代谢产物和残体及溶解的有机碳为菌落提供食物源；同时，大量微生物在基质表面形成灰色生物膜，增加了微生物的数量和分解代谢的面积，使植物根部的污染物（富集或沉降下来的）被微生物分解利用或经生物代谢降解过程而去除。富营养化水体中，也可依靠水生植物根茎上的微生物使反硝化菌、氮化菌等加速NH_3-N向NO_2-N和NO_3-N的转化过程，便于水生植物的吸收与利用，减少底泥向水体中释放营养盐。

（4）沉降、吸附和过滤作用。相关研究表明，人工浮岛上生长的旺盛的水生植物，根系发达，与水体接触面积大，形成了密集的过滤层。如香蒲，它的地下茎和根形成纵横交错的地下茎网，水流缓慢时重金属和悬浮颗粒被阻隔而沉降，防止其随水流失。浮岛上的植物发达的根系与水体接触面积很大，能形成一道密集的过滤层，当水流经过时，不溶性胶体会被根系黏附或吸附而沉降下来，特别是将其中的有机碎屑沉降下来。内源污染的主要贡献者是水体中的有机碎屑，附着于根系的细菌体在进入内源生长阶段后会发生凝集，部分为根系所吸附，部分凝集的菌胶团则把悬浮性的有机物和新陈代谢产物沉降下来。同时，在香蒲地下茎表面进行离子交换、整合、吸附、沉淀等，不溶性胶体为根系黏附和吸附，凝集的菌胶团把悬浮性的有机物和新陈代谢产物沉降下来。从水生植物净化富营养化水体的研究中发现，在有机物浓度高时，植物本身对有机物的吸附、吸收、降解的能力支配着整个吸收过程，是影响吸收速度的最主要因素，大部分植物对水中有机物的吸收都呈现出先快后慢的规律；在有机物浓度低时，有机物在水中的扩散速度就转变为影响吸收速度的主要因素。

（5）降解作用。人工浮岛处理污水的过程中，对有机营养物起降解作用的主要是浮岛周围生活的微生物。人工浮岛对NH_3-N的主要去除途径是硝化、反硝化作用，而不是靠植物的吸收。但水生植物群落的存在，为微生物和微型动物提供了附着基质和栖息场所，其浸没在水中的茎叶为形成生物膜提供了广大的表面空间，根系也为微生物提供了基质。

（6）对藻类的抑制和他感作用。一方面表现在浮岛上的植物一般个体大，吸收、储存营养物质和利用光能的能力强，能与藻类形成竞争，从而抑制浮游藻类的生长；另一方面，某些植物能向水中分泌化学物质，如菇类化合物、类固醇等，来抑制藻类的生长。试验表明，水花生、菱、金鱼藻和浮萍均能不同程度地减少水体中藻细胞数量，促进藻细胞内叶绿素a的破坏与脂质过氧化物含量升高，抑制超氧化物歧化酶（SOD）的活性，从而抑制了藻类的生长。叶居新、何池全等发现凤眼莲根系的分泌物能使栅藻叶绿体、线粒体肿胀、解体，胞内可溶性蛋白及光全速率急剧下降，从而破坏其生长。

（7）气体传输和释放作用。水生维管束植物可以通过植株枝条和根系的气体传输和释放作用，将光合作用产生的氧气或大气中的氧气输送至根系，一部分用于植物的呼吸作用，另一部分通过根系向根区释放，扩散到周围缺氧的环境中，在还原性的底泥中形成氧化态的微环境，加强根区微生物的生长和繁殖，促进好氧生物对有机物的分解，并有助于硝化菌的生长，水生植物的根系在浮岛载体底部的扩展有利于微生物特别是好氧细菌向湿地深处分布。

三、生物浮岛技术选择

（1）浮岛类型选择。人工浮岛可分为干式和湿式两种。水和植物接触的为湿式，不接触的为干式。干式浮岛因植物与水不接触，可以栽培大型的木本、园艺植物，通过不同木本的组合，构成良好的鸟类生息场所，同时也美化了景观。但这种浮岛对水质没有净化作用。一般这种大型的干式浮岛是用混凝土或者用发泡聚苯乙烯做的。湿式浮岛又分有框架的和无框架的，有框架的湿式浮岛，其框架一般可以用纤维强化塑料、不锈钢加发泡聚苯乙烯、特殊发泡聚苯乙烯加特殊合成树脂、盐化乙烯合成树脂、混凝土等材料制作。据统计，到目前为止，湿式有框架型的人工浮岛比例较大，占了70%。无框架浮岛一般是用椰子纤维编织而成的，对景观来说较为柔和，又不怕相互间的撞击，耐久性也较好。也有用合成纤维做植物的基盘，然后用合成树脂包起来的做法。

（2）浮岛载体选择。人工浮岛载体的发展历经了3个时代。早期浮岛载体基本上是采用木材、竹子、芦苇等天然材料制作的。第二代采用的是发泡塑料等有机高分子材料，研发的领跑者是以德、美、日为代表的西方发达国家。其中，位于德国的Aqua Green和美国的International Floating Islands将高分子浮岛载体设计和生产发展到极致。日本的浮岛载体一般采用纤维强化塑料、不锈钢加发泡聚苯乙烯、特殊发泡聚苯乙烯加特殊合成树脂、盐化乙烯合成树脂等材料制作，造价很高。由于有机高分子材料的制作工艺非常成熟，价格低廉，安装、运输和改型方便，所以在水净化工程中能被广泛使用，目前仍然是浮岛载体的主流材料。但这种载体的比表面积小，不利于微生物挂膜，容易损坏，废弃后便造成二次环境污染。第三代浮岛载体尚处于实验室开发阶段，其材料是应用于污水处理和水质净化领域的一类无机材料，目前的技术难点在于这种类型的滤料都是颗粒状材料，要将其做成具有一定规模的浮岛载体，还存在着较大的技术障碍。

（3）浮岛的规模选择。人工浮岛的布设因目的与环境的不同，规模也不同。目前还没有固定的公式可套。研究结果表明，提供鸟类的生息环境至少需要1000m^{2}的面积；若是以净化水质为目的，覆盖水面的25%～30%是很有必要的。

（4）浮岛单元形状选择。一般为长方形、三角形、菱形，面积一般为2～5m^2，组合在一起的形状有长方形、多边形、环形，其中长方形居多。采用这种形状主要是因为建造方便、易施工，但景观效果差一些。美国公司所建造的浮岛单元很多都是弧形、月牙形、饼形等，其组合的形状仿自然形态，该产品目前主要用于营造景观的自然效果。下游新区段面积较大，适宜于宏观造景，所以在浮岛总体布局上适宜于造型设计，而浮岛单元则选择比较易于加工的规则形状。

（5）浮岛的固定方式选择。人工浮岛的水下固定既要保证浮岛不被风浪带走，又要保证在水位剧烈变动的情况下能够承载缓冲浮岛单元之间及浮岛之间的相互碰撞。水下固定形式要视地基状况而定，常用的有重力式、锚固式、杭式。

四、生态浮岛构建技术

水体富氧化的根本原因是营养物质增加，使得藻类和有机物增加。在以富氧化为主体的污染水域，可种植水、湿生植物，通过植物根系吸收和吸附作用，富集氮、磷等元素，降解富集其他有毒有害物质，当植物被收割出水生系统时，被吸收的营养物质亦从水体中输出，能够对富氧化水体起良好净化效果。同时也起到了很好的水体景观效果。

多年来，河道建设部门实施了许多针对河道水环境的治理整顿措施，多数水体绿化工程中都采用了生态浮岛（人工浮床）。根据水面宽窄和景观设计的需求，制造出点状、片状、文字花形等图案，彰显出景观独特性的同时改善水体环境。从人工生态浮岛此类工程项目来看，整体水面景观效果及净水作用率与浮岛形式、植物选择、养护管理有很大关系，这三方面的因素决定了是否发挥好人工生态浮岛的功能。

（一）浮岛材料形式选择

目前在人工生态浮岛上采用较多的材料形式分别有泡沫板式浮床、PVC管式浮床、塑料篮式浮床。各种材料的特点不一，具体如下。

1.泡沫板式浮床

优点：种植面积大，造价成本较低，植物可选性强，浮力好，采用泥土种植对植物起缓冲作用。使用年限长，管理方便。

缺点：物理性能差，泡沫属环保部门列出的易产生二次污染的材料。最适点：适用于不能直接与水接触的植物，水质较差的河道。

2.PVC管式浮床

优点：取材容易方便、成本较低、制作简单。

缺点：床体自重大，易破损，植物可选性差，管理不够方便。最适点：河道水质较好处。

3.塑料篮式浮床

优点：可塑性好，组合花样丰富。

缺点：造价高，养护困难，连接处易脱落，植物可选性差。适用点：河道水流较缓或静水。

（二）浮岛植物选择

首先，水面景观考虑到水体绿化及净化污水的双重要求，往往选择耐污抗污、根系发达、繁殖能力强又能开花的植物。如美人蕉、旱伞草、鸢尾、千屈菜、姜花、再力花、梭鱼草、花叶芦竹、菖蒲、灯芯草等。其次，考虑到冬季水面绿化需要，往往要选择耐寒性强且根系发达的常绿植物，如路易斯安娜鸢尾。另外，水生观赏植物的布置要考虑到水面大小、水位深浅、种植比例与周围环境协调，植物的种植比例应占水面30%～40%为宜，可选择观花植物与观叶植物错位搭配，如美人蕉与旱伞草的搭配。

水生植物分为挺水型、浮水型、沉水型。生物浮岛上主要选择挺水型植物结合浮水型植物。栽植时首先要考虑到植物栽培容器大小，由于千屈菜、美人蕉等挺水植物的根系一般较为发达，对生物浮岛上的栽培容器内径要求较为严格，一般在12cm左右比较合适，种植篮必须镂空，利于植物根系伸展。考虑水生植物的成活率，在施工时间上应避免深秋冬季。

（三）浮岛的养护管理

当人工生态浮岛施工完成后，水生植物经过一个月的生长便可达到最佳效果，由于植物生长在富氧化的污水中，所以日常养护中不需施肥，工作重心在于对脱落枯叶的打捞和定期收割。随着生长期渐长，浮岛上的植物会越来越茂盛，植物叶片有的会生蚜虫。另外植物叶片会有锈病、穿孔病、炭疽病、褐斑病等，此时可用70%代森锰锌加水2000倍喷施即可。一般10天一次，连续两遍即可。但基于人工生态浮岛的实施目的为净化水质、改善水环境，在出现病虫害后，尽量少使用或不使用药物治理，可采用人工的方式去除病害虫害株体。

第四节　曝气增氧养护

一、曝气增氧的重要性

河流、湖泊等水体的溶解氧主要来源于大气复氧和水生植物的光合作用，其中大气复氧是水体溶解氧的主要来源之一。水体中的溶解氧主要消耗在有机物的好氧生化降解、氨氮的硝化、还原性物质的氧化、水生生物和植物生长中的呼吸代谢等化学、生化及生物代谢等过程中。如果这些耗氧过程的总耗氧量大于复氧量，水体的溶解氧将会逐渐下降，乃至消耗殆尽。当水体中的溶解氧耗尽之后，水体处于无氧状态，有机物的分解就从好氧分解转为厌氧分解，由此产生的还原物质及有害物质将使水生态遭到严重破坏。沉积物中含有大量的氮、磷营养物和有机质，而这些积蓄在沉积物中的营养物质和污染物在厌氧条件下会发生形态变化，释放进入上覆水体，严重影响上覆水体水质。在厌氧条件下，部分污染物分解或矿化，产生氨氮。

同时，溶解氧在水体自净过程中起着非常重要的作用，水体的自净能力直接与复氧能力有关。向处于厌氧（或缺氧）状态的水体进行曝气复氧可以补充水体中过量消耗的溶解氧，增强水体的自净能力，并改善水质。

人工曝气按其是否破坏水体垂直分层，可分为深水曝气（又称是同温层曝气）和破坏分层曝气（例如扬水桶曝气）两类。

二、深水曝气

同温层或深水曝气是只向下层水体充氧，而不搅动水体、上下水层不产生混合，维持水体分层状态的一种曝气方式，又分为完全提升型同温层曝气方式、部分提升型同温层曝气方式、空气管混合曝气方式。在水底水平敷设开孔的气管，通入压缩空气从孔眼释放到水中。

深水曝气可以增加底层水体的溶解氧，减少底泥营养盐释放，同时有利于水生生物的生存。美国药师湖进行深水曝气，发现无论部分提升型曝气还是完全提升型曝气，都能使得底层水体中NH_3浓度下降，温度上升。但前者对于溶解氧没有统计学上的显著影响，而后者显著增加了DO含量。无论部分提升型还是完全提升型深水曝气，对叶绿素a含量均没有明显影响。

对美国加利福尼亚和内华达州的9个水源水库底泥中氨氮释放研究结果表明，底部溶解氧浓度是决定氨氮释放的关键因素：厌氧条件下氨氮释放量均较高，好氧条件下氨氮释放非常微弱；在等温层充氧条件下，巴登湖（最大水深大于60m）氨氮释放量由1.5mgN/L降为0.1mgN/L以下；森帕赫湖（最大水深大于60m），氨氮释放量由10mgN/L降为2mg N/L以下。

深水曝气是一种有效传输氧气的曝气方式。位于岸上的空气压缩机通过管道将空气泵入位于水下的曝气装置。曝气装置上装有不同材质及不同形状的大量细孔的组件，用以产生小气泡曝气（每秒的气泡数大约达到30000～50000个，气泡直径一般小于2mm）。这种曝气方式的氧气传输效率高，有时可达到6.8kg/h。平均而言，曝气量可以达到0.06～0.12m³/min，但高的可以达到0.3m³/min，低的只有0.03m³/min。除了气泡小，与空气接触的比表面积大而有利于氧气传输外，小气泡上升到水表的需时也长，从而更有利于给水体输氧。一般地讲，气泡越小，曝气点越深，输氧效率越高。

深水曝气的缺点是曝气孔容易堵塞，需要及时清理以保持最佳运转效率。此外，深水曝气不具备打破水体垂直分层的能力。

三、破坏分层曝气

藻类喜欢停留在水体中光照亮好的表层，接受阳光进行光合作用，促进自身的生长繁殖。在一定的光照条件以下，藻类将停止生长繁殖并将走向衰亡。湖库水体的流动性小，垂直方向的混合作用弱，有时还出现水体分层现象，这些都有利于藻类停留在表层水体生长繁殖。另外，水体分层现象会使下层水体溶解氧减少，处于缺氧状态，使水生生态环境恶化；缺氧条件会引起底泥有机质、氮、磷、铁、锰的溶解释放，加剧水体富营养，造成水体色度、臭味加大，pH下降，水质恶化。

破坏分层曝气用的空气也来自岸上的空气压缩机，通过管道泵入设置在湖库底部的曝气装置中。曝气装置排出大气泡（直径大于2mm），这些气泡在与水接触时释放出氧气并且使得垂直分层的湖上层和湖下层进行混合。大气泡曝气由于气泡直径大，与水接触的比表面积小，在氧气传输方面效率很差。

扬水筒曝气是一种典型的破坏分层曝气。扬水筒为垂直安装于水中的直筒，下部固定于湖（库）底部，上部以浮子装置使之直立。它利用岸边空压机将压缩空气通过空气管向气室供气。当气体充满气室后，在瞬间向上升筒释放，并形成大的气弹，堵塞了上升筒整个横断面。气弹迅速上浮，形成了上升的活塞流，推动上升筒中的水体加速上升，直至气弹冲出上升筒出口。随后，上升筒中的水流在惯性作用下降速上升，直至下一个气弹形成。上升筒不断从下端吸入水体输送到表层，被提升的底层水与表层水混合后向四周扩散，形成了上下水层间的循环混合，达到破坏水体分层、控制藻类生长的目的。

扬水筒混合的脉动性强，影响范围大，但其本身实质上属于超大气泡曝气，基本不具备向水体直接充氧的功能。但通过上下层水体的混合，由于上层水体溶解氧丰富，仍能在一定程度上达到提高下层水体溶解氧含量的目的，从而一定程度上可以抑制底泥营养盐及锰等有害物质的溶出、抑制有机物质在还原条件下的厌氧分解过程。但扬水筒的最大优势是造成上层水体与下层水体的剧烈交换，破除与蓝藻水华暴发密切相关的水体热成层现象。同时积聚于表层的藻类被驱赶至下层，由于光照极低及温度骤降等原因，藻类失去活性而逐渐消亡。

第五节　河道生态养护安全、文明作业要求

一、河道生态养护安全文明作业管理存在的问题

（一）河道水质不容乐观

由于河道整治是滚动进行，建设与管理共存、相互影响，而且由于大市政配

套、地理环境、地块改造、偷排漏排等问题的影响，沿线污水直排入河现象依然存在；受水位、透明度、含氯度等源水品质的影响，引水保证率不高，制约了引配水量的提高和优质水源的引入，加之配水设施布局不合理，配水量在时间与空间上分布不均衡，部分河道淤积严重，局部地段仍有阻水瓶颈。

1.大市政管网尚不健全

城市污水管网运行如果处在饱和状态，污水处理设施能力不足，即使城市道路管网建成后，由于污水提升泵站等设施建设滞后，导致建设工程未发挥其应有作用：部分城中村拆迁进度缓慢，生活污水直排入河；城市有机更新快速发展，部分地区大市政污水设施不配套，导致污水"无管可纳"甚至偷排避纳。外部大市政污水管网、泵站尚未配套建设到位成为制约截污纳管、污水收集的主要原因。

2.初期雨水污染严重

排水管道坡度平缓，管内流速较慢，晴天时，城市的粉尘、污垢、部分路面垃圾、沿街餐饮店随意倾倒的油污水、施工和路面清洗水污物全部沉积于雨水管内，一到雨天，初期雨水将这些污染物一并带出管道，排入河道，严重影响河道水质。

3.违章排水行为频发

沿河建筑工地违章排水行为：由于建筑工地有专业的施工队伍，且工期较长，向河道违章排放泥浆等违章行为具有一定的隐蔽性和反复性。小行业违章排水行为，区域业态调整相关部门只备案不审批，排污许可证批后监管滞后，部分小行业店家污水管错接、混接、乱接，沿街餐饮店违章倾倒油污水等行为无法得到有效监管，同时，初期雨水、阳台废水及农村污水等尚无明确政策法规予以监管，导致污水偷排入河现象屡禁不止。

4.污水管网长效管理工作尚待加强

管道养护安全文明作业管理总体上采用了以人工为主的养护管理手段，人工清掏雨水口、雨水井，使用毛竹片清疏支管。对于大型雨水管道（河道水位高于管顶标高）清疏能力特别不足，机械化设备与机械化养护管理率明显落后，各城区及水务集团虽已配备机械化养护管理设备，但总体数量十分有限，对设施的养护管理质量和养护管理效率十分不利。区级污水管网特别是小区内污水管网长效管理工作责任主体不明确，长效养护管理难以落实，管网老化、破损、错接、乱接问题屡有发生，导致河道污染源重复出现，工程项目重复实施，且效果不甚理想。

（二）养护管理难度增大

1.管理任务急剧膨胀

管理内容除了传统的水质量管理、防汛安全管理，增添了大量的水景观管理、水文化管理内容；管理对象也在以对物的养护管理为主的基础上，增添了大量对人和水质的综合养护管理内容。

2.社会参与程度不够

水环境保护是一项全社会的责任，又是一项公益性很强的事业，需要全社会的共同参与。目前市民普遍对水环境的保护意识不强，水法律观念淡薄，爱河护河意识亟待加强，市民广泛参与的社会化养护管理局面尚未形成。在城市河道周边特别是人流较为密集、基础设施已相对完善的中心区域，实施管网清疏、设施维修等养护管理专项工程时，周边居民、商家抵触情绪强烈，使得推进难度加大。同时市民的水环境保护主体作用没有充分发挥，缺乏主人翁意识，具体表现在：社会参与管理的机制不全；社会参与管理的队伍建设不强；社会参与管理的宣传不多；社会参与管理的途径还不广，载体还不够丰富。例如邻避效应，城市河道的一些不文明行为（捕鱼洗涤、倾倒垃圾、违章排水等），使得城市河道沿线居民和商家既是受害者又是施害者。

3.养护管理经费存在缺口

时间跨度较长，且与现行的城市河道的养护管理技术要求存有脱节。如城市河道栏杆设施无定额依据，导致维护修补需要通过专项形式予以解决；城市河道新增生态设施大部分已过维保期，却无养护管理定额标准可供参考；闸泵站设施养护管理经费则按用工、维护、耗电等内容测算维护运行费用，缺乏科学性和合理性。综上所述，城市河道养护管理定额主要存在两方面的问题：一是早期制定的养护管理定额标准偏低，已不能满足现在综合管养的实际需求；二是养护管理定额内容缺失，导致有管养需求，却无经费支撑，使得现阶段的养护管理陷入十分被动的局面。若未对城市河道养护管理定额内容及时进行调整，势必造成城市河道养护管理经费缺口越增越大，长此以往将给城市河道养护安全文明施工管理工作的开展带来不利影响。

4.河道清淤效率不高

城市河道清淤的目的是解决河道淤积问题，对打通防汛配水通道、改善河道水质都具有重要意义。目前因技术、资金、管理、规划等原因还存在诸多局限。一方面在河道的淤泥清除工艺中，当前大部分采用的是常用的传统挖掘式清淤或者泥浆泵清淤。挖掘式清淤的缺点是控制精度不高，上层浮泥和中层淤泥清理不彻底，大量悬浮状污染物泄漏，施工时泥浆上翻对水体污染很严重，且底层泥的超挖量大，破坏河底硬土，对河道水体生态环境破坏较大；而泥浆泵清淤对河底固状垃圾无法清除，泥浆量大，且施工时需断流抽干，河底淤泥裸露，散发臭味，影响河道通航及配水等功能。传统的清淤方式在清淤时的效率、对环境的影响程度、清淤后的效果等方面都较难达到城市河道新的清淤工作要求。另一方面，城市发展带来的大量工业废水和生活污水，由于早期的城市污水管网建设不完善，许多污染物尤其是生活废水无法纳入城市污水管网，大量的污染物直接被排入河道、河道建筑垃圾遗留、沿线泥浆偷排等行为导致河道清淤改善水质的效果不佳。

5.生态治理管理困难

目前河道生态治理短期内对城市河道水质改善发挥着重要作用，但长效的管理维护过程中还存在着一些问题。一是项目养护管理工作跟进困难。目前随着生态治理项目施工质保期的结束，河道生态治理设施进入日常管理和养护管理阶段，但是由于日常的管理和养护管理缺乏经费支持，养护管理工作仅仅停留在日常的打捞和保洁，影响了生态治理日常养护管理阶段的治理效果。二是各城区项目管理技术人员欠缺。城市河道生态治理项目的实施开展需要各城区有专业技术人员进行专业的养护管理，但是目前各城区项目实施管理人员欠缺较多，尤其是了解河道生态治理的专业人员欠缺严重，所有河道设施改善项目混合管理，甚至河道养护管理与设施改善项目全部混合管理现象普遍存在。三是外部动态变化影响了部分项目的实施效果。城市河道的排水口处于动态变化过程中，在实施了生态治理项目后，由于部分河道排水口增加，违法违章污水、泥浆等的突发排放，影响了生态治理的效果。

（三）养护管理市场不健全

1.企业综合能力不足

城市河道设施高标准、一体化养护管理作业，对养护管理企业的综合能力提出了很高的要求。河道设施养护管理项目内容丰富，包括河道（河面、河岸）保洁，主体设施（护岸、挡墙、河床、慢行系统设施）维护，绿化及城市家具等附属设施的养护管理维护，有的还包括闸站、在线监测设施的运行维护等，不同项目之间的技术门类各不相同。市场上现有的养护管理企业从业背景较为单一，大都只从事过市政养护管理、绿化养护管理、环卫保洁中的一种或两种养护管理服务，对城市河道养护管理工作特性认识不到位，有些企业还停留在打捞保洁的初级阶段，在人员投入、机具配置、技术培训、规范管理方面存在不足，综合养护管理能力亟待增强，如水生植物养护管理、水生态工程维护这些新领域的技术手段非常缺乏。调研中发现，养护管理企业内部管理仍显粗放，管理力量并没有按照要求足量配置，有些企业存在一套管理班子（一名项目经理、若干技术人员）同时管理五六个河道养护管理项目的现象，在管理部门出台养护管理规范和考核细则后，很多企业并没有细化相应标准，制定符合实际的作业流程、操作手册、内部管理规范、奖惩措施，影响作业效率和养护管理质量。

2.招投标程序须完善

一是最低价中标隐患。河道养护管理招投标实行最低价中标，因无最低限价，目前中标价有越来越低的趋势，势必伤害到养护管理服务的品质，不利于养护管理市场的培育壮大。二是中小企业难入围。有的地方河道养护管理行业起步不久，有经验的企业还不多，目前的评标细则对企业从业经历做了一定要求，如具备5～10年河道养护管理经验等，符合的企业数量不多，一些中小企业难以中标，失去了和大型企业竞争的机会。

3.作业机械化程度低

城市河道养护管理是一项综合性、专业性较强的工作，但养护管理作业机械化程度不高，与其他行业相较差距明显。环卫、市政、绿化等行业更加重视养护管理作业设施设备改造提升，行业协会每年组织管养单位观摩了解国内外新工艺、新设备，或组织企业针对某些养护管理作业难点，量身定制专用的机具设备。在财政的补贴政策下，管养单位积极引进更新养护管理机械设备，加快了这些行业的作业机具和养护管理技术的更新，不仅提高了作业效率，同时也提升了养护管理队伍的作业形象。反观河道养护管理保洁，仍以人工打捞船、竹竿网兜、手推车这些传统工具为主，养护管理面积大，作业效率却很低。例如，目前河道慢行系统路面大量采用环保舒适的透水沥青工艺，由于养护管理企业普遍缺少透水沥青路面专用清洗设备，对它的保养维护就成了棘手难题。河道养护管理队伍装备陈旧、技能低下、机械化作业率低的现状，不仅与高标准养护管理要求不相适应，也不利于提升城市河道养护管理整体形象。

4.进退机制不够健全

对企业的资质要求与河道养护管理特点不相匹配，招标文件套用了绿化、市政类建设项目的工程建设资质要求，难以体现城市河道养护管理和一体化作业的特性，一些中标企业虽然在工程建设领域积累了一定经验，但还不具备河道养护安全文明作业管理所要求的绿化养护管理、市政维护、环卫保洁等方面的综合养护管理能力，如果不调整招标资质要求，不利于引导企业完善作业能力，提升自身水平。缺少市场准入退出机制，市场秩序无法保证。对于那些投机取巧、不讲诚信、不规范作业、养护管理质量较差的企业，若没有一定的制约手段，不能及时将其清退出场，会阻碍到城市河道养护安全文明作业管理市场长远的健康发展。

二、提升城市河道生态养护安全文明作业管理的对策与措施

（一）加快基础设施建设，夯实生态养护安全文明作业管理基础

1.加快城市河道整治建设

结合城市建设重点和热点区域水质改善的迫切性，制定城市河道整治建设规划，加快城市河道综合整治，确保河道整治工作与两岸截污纳管同步实施。针对无法按照河道建设规划开展整治建设的河道，落实临时措施，有效改善城市河道水质。全面梳理由于修路、造桥、土地开发建设等活动造成填埋、隔断的城市河道数量，按照河网水系连片成网的原则，分批实施打通断头节点，增强水体流动性。配套建设与改造相关的引配水闸站，努力提高城市河道配水覆盖率。

2.加强市政管网基础建设

根据各级城市污水管理条例，进一步统筹做好城市污水管网和泵站设施的

建设规划，制定大市政管网与小市政管网的配套综合规划，合理安排建设时序。按照污水设施全覆盖的要求，制订年度建设计划，特别是河道周边大市政建设计划，并尽快实施。以基础设施建设带动污水设施建设，加快实施城市污水主次干管、重要泵房及污水处理厂建设，新建污水管网与道路建设做到同步实施、同步到位，不断完善污水管网系统，在地块开发、项目建设中要严格按照有关规划、标准实行雨污分流同步建设，确保不欠新账。同时尽快明确污水管网长效管理责任主体，落实养护资金，定期开展清疏，加强长效养护。

3.加大截污纳管力度

按照"确保下限、不设上限，应截尽截、能分尽分，项目带动、搞好结合"的原则，首先围绕城市河道排污口，追根溯源查找对应污染源点，特别要细致排查城郊接合部污染源情况，同时深入排查城市雨、污水管网设施，及时发现管道乱接、错接现象。因截污纳管涉及面广，对道路平整、排水设施接入、自来水、燃气等配套管网完善等都有较大影响，需建立由城市河道管理部门牵头、各相关部门协同配合的难点问题协调小组，负责推进相关问题的解决。其次以控制污水源头为重点，坚持大市政管网建设与截污收集同步实施，加大末端截污纳管和分散式污水处理设施建设力度，解决污水直排、混排河道问题，减轻污染负荷。最后开展城市阳台污水、初期雨水及服务行业污水的截污纳管研究治理，加快城市河道沿线污染企业的搬迁，督促沿河现有企业做好污水治理，确保达标排放，杜绝污水入河。

（二）开展实事工程项目提升环境质量

1.开展长效性清淤疏浚

根据治理河道黑臭和提高防汛行洪能力要求，制订计划开展城市河道清淤疏浚。坚持清淤疏浚"规范化、标准化和常态化"，推进河道淤积动态监控，定期定时聘请行风政风监督员、人大政协代表、社区居民代表等参与清淤项目的各个环节，实施第三方检测验收，规范项目实施过程。依据各区域各流域河道的不同特点，因地制宜制定清淤方案：对未整治河道以挖泥船疏浚为主，没有防汛行洪任务的河道以围堰断流泥浆泵清淤为主等。建立健全城市河道轮浚机制，逐步落实以清除表层浮泥和中层淤泥为主的常态化清淤。积极引入生态清淤、环保清淤工艺，提升清淤机械化水平，按照水系流域，开展分片联片生态清淤，提高城市河道长效保障性清淤工艺与效率，从而实现既降低水体中的污染，又提升河道行洪排涝能力的目标。

2.科学实施引水配水

充分挖掘现有引配水设施潜力，加强引配水科学性、高效性研究，按照最低投入引最优水质要求，制定引水标准，完善调度方案，做到"多引好水、优化配水"，实现所有城市河道引水配水全覆盖目标。按照城市河道养护管理运行安全和顺畅原则，高标准制定城市河道引配水设施建设标准，对原有引配水设施进行升级改造，落实专业队伍加强维修保养，确保设施正常运作。同时有针对性地加强未整治、城郊等水质较差及水质突变河道的引配水，增强水体循环，缓解水质恶化。进一步加强引配水与防汛、建设、湿地生态保护和旅游观光之间关系的协调，做深、做细城市河道引配水工作。

3.推广实用性生态治理技术

开展城市河道生态修复技术与应用研究，探索和引进适用的、实用的城市河道生态治理技术和方法。按照因河而宜的原则，采用高效的低成本的治理技术，推进水域治理和陆域治理相结合，实施河道生态修复项目。开展生态治理技术重大科技创新项目，制定"美丽河道"评价体系和评价方法，协同推进城市河道生态治理。一方面运用曝气、生态浮岛、生态基和生物填料等技术，逐步建立功能齐全、结构合理的水域生态系统，修复已污染城市河道的生态系统，缓解因城市化进程等原因暂无法实施建设或整治的城市河道受污染问题；另一方面，重点围绕河槽修复和生态型护岸建设两大内容，应用生态护岸技术，恢复自然地貌和自然断流形态的河槽，打造植被型、纤维型、土木格栅、生态混凝土等生态护岸。

第四章

河湖常态化清淤

第一节　一般规定

一、底泥勘测与污染状况调查规定

（一）调查内容

1.对工程区底泥进行物理、化学指标分析，查明工程区内底质土层性质。物理指标包括底泥常规的物理力学性质、底泥质地、底泥含水率等。

2.化学指标包括营养盐、重金属及有机类污染物的含量及分布规律等。以了解工程区底质的污染程度和污染底泥的分布情况，为工程区污染底泥清淤范围、清淤深度，以及疏挖量等的确定提供基础材料。

（二）底泥分层及特征描述

1.根据污染程度，底泥从垂直方向由上至下一般分为污染底泥层（A层）、污染过渡层（B层）和正常底泥层（C层）。

2.污染底泥层（A层）：污染最为严重的一层。一般情况下，在有机质及营养盐严重污染地区，该层颜色为黑色至深黑色，其上部为稀浆状，下部呈流塑状，有臭味。该层沉积年代新，为近年来人类活动的产物，是湖泊内源污染物的主要蓄积库。

3.污染过渡层（B层）：污染较轻的一层。正常湖泥层到污染底泥层的渐变层，一般情况下，在有机质及营养盐污染地区，该层颜色多为灰黑色，软塑—塑状，较A层密实。

4.正常底泥层（C层）：未被污染的底泥层。其颜色保持未被污染的当地土质正常颜色，一般无异味，质地较密实。

（三）采样设备

1.根据底泥分析目标的差异，采集范围主要区分为表层底泥和柱状样底泥。

2.表层底泥多用于清淤整体区域底泥性质的了解和重点区域的筛选，一般使用抓斗式采样器（又称，彼得逊采样器），利用装置的重力与浮力差，通过水体表层至底层的高度差获得足够冲量，通过抓取的方式将底泥存入抓斗，一般为10cm内表层底泥样品的混合泥样。

3.柱状样底泥主要用于清淤区域底泥垂向分布特征的了解、底泥的分层研究和清淤深度的确定，一般采用专门的底泥柱状采样器，例如钻取式筒状采样器、底泥采样钻机等。

（四）定位设备

1.平面定位方式与设备

平面定位方式包括全球定位系统方式（GPS）和常规测量方式。其中，全球定位系统方式所用设备主要包括手持GPS、亚米级定位精度的RTD-DGPS和厘米级定位精度的RTK-DGPS；常规测量方式所用设备主要包括全站仪、经纬仪、测距仪等。

2.垂直控制方式与设备

一般情况下，污染底泥的层厚较薄，只有几十厘米，在对污染底泥的勘测过程中要严格控制其垂直精度。由于勘测是在河流、湖泊中进行的，首先应在岸边的适宜地点设立高程控制点，高程控制点的高程由附近的国家高级控制点进行引测。高程控制方式主要有RTK-DGPS水面高程传递法和用全站仪测量高程。

（五）调查采样点位与布设

1.平面勘探线、点的布置

（1）可行性研究阶段，河流地区线上勘探点间距不大于150m，且总数不小于3个，湖泊地区块状水域按100～200m网格状或交错梅花状布置，不规则状水域根据实际情况按上述间距确定原则布置。

（2）工程设计阶段应先根据生态清淤区域的污染情况、地质条件布置钻孔，大致可分简单、一般和复杂三种状况：

①简单是指区域附近无重大污染源，污染分布均匀，地形平坦，岩土性质单一；

②一般是指区域附近有较大污染源，污染分布较均匀或地形有起伏，岩土性质变化较大；

③复杂是指区域附近存在重大污染源，污染分布不均或地形起伏较大，岩土性质变化大。

（3）在设计清淤深度内遇有污染分布状况、地形，岩土性质变化较大时应加密勘探点，小区域、孤立区域的勘探点不得少于3个。

2.勘探点的垂直采样间距

生态清淤勘探采样应全柱状采样，全柱状采样的底面应至正常层下20～50cm，勘探孔钻进深度一般宜达到设计清淤深度以下1～2m。全柱状采集样品在现场应根据颜色、气味、状态进行污染层、过渡层、正常层界面的初步判别，根据初判选择代表性样品进行化学分析；同时，在全柱状采集的样品中，根据清淤底泥分类的需要采集试样进行土的物理、力学性质试验。

（六）底栖生态健康评估

1.概述

生态系统健康是衡量生态系统功能特征的隐喻标准，是评价生态系统状态的一种方式。底栖生态系统健康评价从物理、化学和生物3个方面建立评价指标体系，对底栖生态系统健康状况进行全面、科学的评价。

2.评估原则

底栖生态健康评估应遵循以下原则：

（1）科学性原则：基于现有的科学认知，评估指标内涵间不存在明显重复，判断评估指标变化的驱动要素，能识别底栖生态健康状况；采用统一、标准化方法开展取样监测，准确计算评估指标，制定相对严谨的评估标准；

（2）适应性原则：体现普适性与区域差异性特点，可为不同地区和类型的底栖生态健康评估互相参考比较提供支持；密切结合河湖生态清淤工程的需求开展评估，可为清淤前、清淤中、清淤后底栖生态管理提供参考；

（3）可操作性原则：考虑所拥有的人力、资金和后勤保障等条件，充分利用现有资料和成果；根据环境条件及评估指标特点，选择效率高、成本低的调查监测方法。

3.评估流程

开展资料收集与踏勘，确定评价区域底栖生态健康指标。组织开展底栖生态健康评估调查与监测。系统整理分析各评估指标调查监测数据，计算各项健康评估指标并赋分，评估河湖流底栖生态健康状况。

4.底栖生态系统健康评价指标体系

评价指标体系分2个层级：一级目标层为底栖生态系统健康综合指数，反映底栖生态系统健康总体状况；二级准则层分为物理指标、化学指标和生物指标3类，全面地反映底栖生态系统状况。

二、生态清淤设计

（一）生态清淤范围确定

1.概述

生态清淤范围的确定以工程区水质与底泥调查结果为基础，评价水体水质，根据各地沉积物污染背景值对底泥污染状况进行全面评估，同时从经济可行性及安全性的角度进一步确定生态清淤范围。

2.清淤范围依据参数

（1）水体水质指标达不到相应地表水环境质量标准或水体功能区划所要求的水质区域。

（2）底泥营养盐含量：工程区水体达到相应地表水质标准，或水体功能区划所要求水质时底泥中氮、磷含量。不同河流、湖泊的氮、磷污染底泥生态清淤控制值应根据各地背景值确定。

3.清淤范围确定原则

运用多元统计法和主成分分析法对生态清淤范围进行综合评判，具体原则如下：

（1）水体水质指标达不到相应地表水环境质量标准或水体功能区划所要求的水质区域。

（2）在数据数量和质量达到要求的基础上，确定底泥营养盐含量大于等于氮、磷污染底泥生态清淤控制值的区域。

（3）对工程区底泥中重金属生态风险指数进行分析，确定重金属生态风险指数为高风险的区域。经过上述原则得到的区域即为污染底泥生态清淤范围。

（二）生态清淤深度确定

1.氮磷污染底泥

氮磷污染底泥生态清淤深度的确定采用拐点法，通过柱状样试验结果判别不同深度污染指标的陡变特征，确定清除氮磷污染底泥的清除深度。

2.重金属污染底泥

重金属污染底泥生态清淤深度的确定采用分层—生态风险指数法，主要分为两个步骤：

（1）对污染底泥进行分层；

（2）根据重金属潜在生态风险指数，确定不同层次的底泥释放风险，确定重金属污染底泥所处层次，从而确定重金属污染底泥清淤深度。

3.复合污染底泥

针对高氮、磷污染和重金属污染的交叉地带，清淤深度应综合考虑，取二者中深度较深者作为复合污染区的清淤深度。

（三）工程总体设计

1.一般要求

（1）工程选址应满足当地生态环境建设需要，充分遵循区域总体规划和专项规划等，并综合考虑自然条件、区域现状等因素。

（2）工程区域应开展满足各阶段要求的环境及生态调查工作，查明底泥污染种类、含量、分布、释放强度等，分区域确定疏挖范围。

（3）工程区域内各功能分区应充分考虑与周边现状的关系，尽量减小对周边设施的影响，体现集约化用地理念。

（4）总体设计应总体把控、系统设计，做好底泥疏挖、输送、脱水、余水处理、资源化利用等各环节设计工作，充分考虑各治理环节的衔接，避免出现脱节。

（5）总体设计方案应满足生态环保、安全、节能、资源利用、社会稳定等要求。

2.设计内容

（1）初步设计内容应包括设计说明书、主要设备与材料、工程概算和设计图纸等，具体内容如下：

①设计说明书应包含总论、工程概况、任务规模、设计依据、技术标准、区域自然条件、现状调查与分析、清淤工程量确定、总体布置方案设计、清淤与输送设计、堆场设计、余水处理和排放方案设计、环境监测方案设计、附属工程设计、环境保护、安全和节能、工程量汇总、环境和社会效益等。

②主要设备与材料应包含清淤、输送、余水处理、堆放、环境监测、环境保护等所需采用的设备和材料。主要设备应说明其名称、型号、规格和数量等，对非标设备应专门说明。主要材料应按单位单项工程分别列出数量。

③工程概算应包含编制说明和工程概算表等内容。

④设计图纸应包含设计图纸目录、地理位置图、总平面布置图、污染底泥分布图、清淤区设计图、堆场平面及围堰断面设计图、污染底泥输送设计图、余水处理排放设计图、附属工程布置及主体结构设计图、其他图纸。

（2）施工图设计内容应以图纸为主，还包括说明书和主要设备材料等，具体内容如下：

①施工图应包含图纸目录、地理位置图、总平面图布置图、污染底泥分布图、清淤工程区设计详图、污染底泥输送工艺设计图、输送管线路由图、过路管设计详图、接力泵站设计详图、转运场设计详图、堆场平面图、围堰断面设计详图、堆场余水处理及排放工艺设计图、平面布置图及泄水口设计等细部详图、辅助与附属工程平面布置及结构设计详图、其他图纸。

②施工图设计说明书应包含工程概况、任务规模、设计依据、技术标准、平

面和高程基准系统、项目区域自然条件、项目区域工程地质条件、项目区域污染底泥特点和分布、项目设计方案和主要参数、施工工艺流程、各工序施工技术、各工序间衔接要求、施工注意事项、环境保护和监测要求、施工质量要求、项目验收标准和验收方法等。

③主要设备材料应包含各施工工序所使用的设备和材料详细清单，主要设备应说明其名称、型号、规格和数量等，对非标设备应专门说明。主要材料应按单位单项工程分别列出数。

第二节　河湖常态化清淤内容

一、生态清淤施工工艺

（1）根据现场施工情况，可选择干式清淤、半干式清淤和湿式清淤等施工工艺。

（2）干式施工工艺流程：围堰修筑→施工排水→排水沟开挖→降水施工→干式机械清淤→淤泥翻晒脱水减容处理→脱水淤泥外运→脱水淤泥资源化利用。

（3）半干式生态清淤施工工艺流程：围堰修筑→施工排水→除杂施工→泥浆泵冲挖清淤施工→管道输送→脱水减容施工→尾水处理达标排放→脱水底泥资源化利用。

（4）湿式生态清淤施工工艺流程：施工准备→清淤施工→泥浆输送→清淤底泥脱水减容处理→尾水处理达标排放→脱水底泥资源化利用。

（5）湿式清淤又包括机械式、水力式和气动泵式。机械式包括水上抓斗、反铲和链斗等。水力式包括绞吸式挖泥船和耙吸式挖泥船等。气动泵式主要是利用气力泵进行吸泥和输送。

（6）干式生态清淤：底泥输送使用机械设备倒运和使用运输车进行运输。

（7）半湿式生态清淤：使用泥浆泵和封闭管道进行输送，输送距离超过泥浆泵额定排距时可串联接力泵增大输送距离。

（8）湿式生态清淤：使用泥驳进行清淤，底泥输送或使用密闭管道进行泥浆输送。

二、生态清淤施工质量控制

（1）清淤工程质量检验和评定应以工程设计图和竣工的水下地形图为依据。

（2）清淤工程应按下列规定进行施工：断面中心线偏移不应大于1.0m；应以横断面为主进行检验测量，必要时可进行纵断面测量；断面开挖宽度和深度应符合设计要求；不得欠挖，超挖小于等于10cm；对冲刷或回淤比较严重，难以完成控制指标的清淤工程，应根据具体情况按合同规定的质量标准执行；清淤淤泥在疏挖和输送过程中不应对河道造成回淤、发生泄漏和对周围环境造成污染。

三、堆场选择与布设

（一）堆场选择

1.一般要求

堆场的选择应符合以下要求：

（1）应符合国家现行有关法律、法规和规定。

（2）应符合地方总体规划和湖泊/河流总体治理规划要求。

（3）应符合环境保护要求。

（4）应满足工程要求，包括堆场面积和容积是否满足工程要求、堆场排水是否可行等。

（5）宜选择低洼地、废弃的鱼塘等，少占用耕地。

（6）宜选择具有渗透系数小或对污染物有吸附作用土层的场地，对重金属和有毒有害淤泥，应进行防渗处理。

2.方法步骤

（1）初步估算污染底泥工程量和所需堆场容积。

（2）收集可能的堆场信息资料，一般通过在当地小比例地形图或卫星图片上进行查找，向当地土地管理、城市规划部门咨询的方式获得。

（3）对可能的堆场信息资料逐个进行实地调查，从堆场使用和地质灾害等角度进行筛选，编写堆场调查报告；组织相关部门召开堆场选址专题工作会，初步确定堆场选取先后次序。

（4）对初选的堆场进行必要的勘测和地质调查，进行堆场选址方案比选，确定堆场场址，形成堆场选址专题报告。

（二）堆场布设

1.堆场型式

按照底泥堆存方式，可分为常规堆场和大型土工管袋堆场两种。常规堆场是通过建造围埝而形成的堆泥场，一般宜尽量利用现成的封闭低洼地、废弃的鱼塘等作为堆场，以减小围埝高度和降低围埝建造成本。土工管袋堆场由基础和高强度土工布组成的大型管、副坝等组成，污染底泥直接存储在大型土工管袋中。堆场底部应铺设防渗材料。

2.围埝设计

围埝断面型式一般采用斜坡式，根据埝体建造材料可分为编织袋装土围埝、碾压土石围埝等，围埝内侧应铺设防渗材料。

3.堆场排水口设计

排水口布设应满足以下要求：

（1）距离堆场内排泥出口应保持安全距离；

（2）宜布设在堆场的死角位置，使堆场存泥空间得以充分利用；

（3）结合堆场容泥量、面积、几何形状、排泥管线的设置、堆场外排水通道等因素综合考虑；

（4）应满足余水监测和对不符合排放要求的余水进行应急处理的需要；

（5）排水口的一般结构型式为溢流堰式排水口、闸式排水口、闸箱管式排水口。

四、余水处理

（一）余水处理方法

余水处理方法主要分为堆场的二次自然沉淀和余水投药促沉方法。

（1）二次自然沉淀：为了使沉积物颗粒有稳定的沉淀条件，可以在堆场沉淀的基础上，使堆场排放余水进行二次沉淀。余水由堆场泄水管进入沉淀池，使余水中的污泥细颗粒在该沉淀池中继续沉淀，从而进一步保证排放余水的水质。

（2）余水投药促沉：由于污泥细颗粒粒径较小，需要沉淀时间较长，当自然沉淀条件下不足以使细颗粒污泥沉淀时，可采用投药促沉方法保证余水达标，主要包括投加无机絮凝剂、有机高分子絮凝剂、复配絮凝剂等。

（二）絮凝剂投放方式

投药方式主要分为输泥管投药和堆场溢流口投药。

（1）输泥管投放：是将絮凝剂药液用泵注入距堆场一定距离的输泥管中，利用泥浆在输泥管中的高速流动使絮凝剂与泥浆快速混合，泥浆流出管口后进入堆场，絮凝剂与泥浆在堆场产生絮凝反应和沉淀。

（2）堆场溢流口投放：是在底泥堆场溢流口附近设置混合池、反应池和沉淀池，堆场排放水与絮凝剂在混合池中快速混合后，在反应池中完成絮凝反应由小颗粒变成大颗粒，然后在沉淀池中沉淀下来，使余水得到澄清。由于在底泥对场中大部分污泥颗粒被留存下来，而堆场排水中含有污泥颗粒的粒径很小，自然沉降颗粒的速度很慢，投药促沉可以获得更明显效果。

（三）按时余水处理控制指标

以悬浮物（SS）、化学需氧量（COD）、总磷（TP）、总氮（TN）为余水处理的主要控制指标。

（四）污染底泥的无害化与资源化利用

1.无害化处理.

（1）物理化学法主要利用物理和（或）化学过程来清除、改变或稳定污染物。

（2）生物工艺法主要利用动物、植物、微生物消除或降解底泥中污染物的过程。

2.资源化利用

底泥资源化利用，是将底泥进行无害化处理后，从废弃物变为可以利用的资源，主要可用于制作蓄水陶土、免烧砖等建工材料，同时可用于堆肥和坑塘修复等生态用途。

五、环境监测与验收

（一）环境监测

1.一般要求

（1）施工前，为了解施工区水域的污染程度、范围和堆场的本底值，应对施工区水域水质、底泥、水生生物和底泥堆场进行环境监测。

（2）施工期间，为了解施工过程中水质的变化及堆场的环境状况，避免对环境造成二次污染，应对施工区水域水质、清淤作业污染扩散、水生生物、堆场污泥、排放余水、附近地下水及施工区周围环境进行环境监测。

（3）施工后，为了对生态清淤工程的效果评价提供定量化的科学依据，需要对施工区水域水质、底泥回淤、水生生物、堆场附近地下水及施工区周围环境进行环境监测。

2.监测点位布设

（1）清淤区水质监测在清淤区布设监测点、非清淤区布设对照监测点。监测点要能反映水系进入施工区域时的水质状况。

（2）清淤作业污染扩散监测根据使用的挖泥船类型，以挖掘头为圆心，分别以50m、100m为半径做同心圆，在上、下游布设监测点。

（3）清淤区底泥回淤监测点应布设在清淤区和非清淤区交界处两侧。

（4）清淤区水生生物监测：采样点布设在清淤区。选出具有代表性的各类生物的栖息场所布设采样点，确保采集的标本能代表区域内生长的生物种类和产量的一般情况。

（5）堆场排放水量及水质监测：在每个堆场排水口设置监测点。

（6）堆场渗漏及地下水监测：在每个堆场围埝外沿地下水下游方向30～40m布设监测井点，同时在地下水上游方向布设一眼对照监测井。

（7）堆场土壤/底泥监测

每个堆场按100m×100m网格均匀布设。

（二）验收要求

竣工验收应在清淤工程完工后1年内进行。不能按期进行竣工验收的，经竣工验收主持单位同意，可适当延长期限。

第三节　河湖常态化清淤设备工具

一、设备选型要求

（1）清淤设备选型应考虑以下因素：

①满足工程进度、工程质量、淤泥处理与余水处理的要求；

②应考虑使用现有设备的可能性及调遣的困难程度，避免设备多次调遣或者设备闲置。

（2）清淤设备的选择应满足下列清淤尺度的要求：

①清淤设备的作业吃水应小于清淤前水深；当清淤深度在低水位时，必须满足本身作业吃水的要求，包括清淤船和运泥设备吃水；

②应考虑清淤设备对最小清淤深度的要求；

③清淤设备的最大挖深应满足工程需求；

④应优先选择清淤设备在最佳设计挖深范围内完成大部分工程量，以充分发挥设备的能力；

⑤清淤设备选型应满足生态清淤的要求，配备定位和监控系统以提高清淤精度，减少清淤过程中的二次污染；

⑥当水深不足时，可采用多种清淤设备进行清淤；

⑦耙吸船宜选择在水域广阔的地区施工，挖槽长度宜大于500m，掉头宽度宜取1.5倍船长；

⑧当清淤区周围水深不足时，选择清淤设备应注意对最小清淤宽度的要求。绞吸船铰刀到达边线时，船体不得与浅滩发生碰撞；链斗挖泥船最前方的切

泥斗到达边线时，斗链桥架不得与浅滩发生碰撞；斗式挖泥船施工时应考虑运泥设备在挖槽作业时所需要的水域宽度。

（3）清淤设备的选择应根据土质可挖性进行选择，并应符合下列要求：

①清淤淤泥的开挖难易程度，应以松开土体及破坏其内聚力的角度进行分析；

②耙吸挖泥船各类耙头应根据土质选用；

③绞吸挖泥船各类铰刀适用开挖砂、砂壤土、淤泥等土质；

④链斗挖泥船可用于开挖各种淤泥、软黏土、砂和硬黏土；

⑤对于各种难挖土和拆除围堰，可采用铲斗挖泥船挖掘。

（4）清淤设备的选择应满足清淤淤泥水力运输的要求：

①当清淤淤泥采用管道水力运输时，无论是绞吸挖泥船、吹泥船、接力泵站及耙吸挖泥船，均应对其输送能力进行计算；

②对泥泵管路输送能力的计算应依据如下资料：泥泵机组及挖泥船的性能，淤泥的特性，清淤及吹填区的位置、范围及高程，排泥资料，水位变化资料，平均大气压力；

③泥泵及管道输运应符合下列规定：管道中的泥浆输运流速应采用实用流速；最大流速应在允许范围内；清淤淤泥用于泥泵管道方式输送的，具体的输送能力应经过计算或根据实际施工经验和性能测定资料进行计算；当水上排泥管线跨越航道时，应考虑敷设水下潜管。

（5）清淤设备选择应与当地的水文、气象条件相适应。

（6）清淤设备选择应考虑下列限制因素：

①清淤泥土吹填宜用绞吸船；

②应满足现场环境保护的要求；

③当对吹填区出水口余水排放的浓度有限制时，应当配备降低浓度的措施；

④当清淤污染土时，应从清淤现场、运输沿线及堆场三方面进行分析，选择环保清淤设备，或对清淤设备进行改造；

⑤对清淤作业的影响具有季节性或时段性的工程，结合清淤后生态修复的要求，应安排在底栖植物和底栖动物修复的最佳季节或时段施工。

二、绞吸船在清淤技术中的应用

（一）使用特点与难点

1.使用特点分析

其一，该工程对时间的要求高，需要在极短的时间内完成大量的工作任务，可以使用车辆运输和船舶运输结合的方式，由于防洪清淤作业存在交叉的情况，必须要对施工的时间和顺序进行合理的安排，对施工人员和机械设备进行合理的调度，必须要保证清淤任务能够及时有效地完成。其二，该项目的清淤河道里程较长，一旦开展施工，就会对周围造成较大的影响。为了保证本工程的顺利实施，必须要做好与其他部门的协调沟通工作。其三，受到工序的影响，对河道进行机械清淤时，开展施工具有较大的难度，并且工程作业也具有点多、线长的特点。由于施工的强度大，必须要在短期内处理好大量的任务，所以，机械设备、资金和人力的投入较大。其四，如果在雨季开展河道清淤工作，必须要考虑雨季暴雨汇集的情况，同时还要考虑大海潮汐涨落潮的因素，导致工作的难度较大。如果是进行水上作业，就必须重点关注施工度汛的问题。其五，由于施工具有复杂的条件，河道两岸处有很多电缆、地下管线和燃气管线，如果想提升施工过程中的安全性，开展施工前，必须要了解沿途管线的分布情况。

2.使用重点难点分析

其一，许多生产因素都对本工程造成了严重的影响，比如风浪、水位、水下障碍物、停工检查、流速，以及船舶避让等因素。在这些因素中，潮汐和通航能够造成最直接的影响。其二，本工程的两条干流都有赶潮河段，因此，必须要考虑潮汐的作用。潮汐对河道清淤造成的影响具有直接、持续时间长和影响大的特点，甚至可以从开工影响到完工。其三，本工程具有淤泥量多、开挖面积大、开挖厚度薄的特点，所以具有较大的施工难度，特别是淤泥运输和转运的问题。在施工阶段，河道的淤泥很有可能回淤，具有较复杂的操作流程。

（二）方案比选

1.清淤方式比选

通常情况下，较常使用到的挖泥船舶包括耙吸式挖泥船、绞吸挖泥船、水上挖掘机、抓斗式挖泥船、水陆两用搅吸泵。由于每个船型对底泥进行疏浚时，会对水质造成不同的影响，在这些挖泥船舶中，影响较大的是耙吸船、吸泥泵、抓斗船和挖掘机，影响较小的是水陆两用搅吸泵和绞吸船。

2.淤泥输送方式比选

（1）泥驳船运输：泥驳船具有设备简单、载货量少和吃水浅的特点，较常在狭窄水道和潜水航道航行，如果配合使用其他的疏浚方式，能够起到较好的通航效果。

（2）输泥管运输：使用输泥管的运输方式，能够减少对周边环境的影响，能够提升施工效率。如果需要实现远距离的运输，就可以使用压泵接力的手段。结合工程的实际情况，采用合适的输泥管，实现多条输泥管线的同时施工。

（3）皮带机运输：使用皮带机进行运输，通常情况下只适用于短距离的输送，但具有使用灵活、便于移动的优势。

（4）自卸汽车运输：通常情况下，自卸汽车具有较广泛的应用范围，但是也存在不足，比如不能在水上运输。而且还会污染道路周围的环境，必须要采取文明施工的方式，通过对汽车进行封闭来运输，还要及时清洗汽车车轮，不可以使道路上存在较多的泥土。与水上运输相比，远距离的运输费用较高。

（三）施工工艺

1.施工方案选定

现阶段，开展清淤作业时，通常使用绞吸式挖泥船，该船舶上安装了锚缆和桩台车，能够移动船位。该船舶安装了旋转绞刀，能够切割和搅动河底的岩土、泥沙和淤泥，吸泥管可以吸取泥沙和岩土，再通过管道和离心泵将这些物料送到堆积场，可以保证挖泥、卸泥、运泥等工作环节的连续性，具有成本低、效率高的优势。绞吸挖泥船使用了串联接力泵船的办法，可以实现压力分散，同时减少因为运输而导致的污染问题。通过串联施工的方式，能够完善输送系统，实现接力泵船和挖泥船的有机结合。开展本工程的施工时，可以在排泥管线上布置较多的接力泵船，对其进行加压的接力输送。还可以使用大量的拖轮牵引的接力泵船，确保在指定位置上，能够实现抛锚定位的效果。将排泥管线进行连接，保证法兰卡夹得牢固，可以使用扭力扳手的工具。通常对河流进行环保清淤，都会使用绞吸式的挖泥船，并用管道进行接力输送，将污染的底泥运到处理厂中，避免造成二次污染。

2.工程重点及难点的应对措施

其一，应结合工程的实际情况，使用输泥管和绞吸式挖泥船结合的施工方案。工程具有较复杂的清淤工况，对河道底泥进行开挖时，需要使用绞吸式的挖泥船，还需要使用输泥管，提升清淤方案的合理性和科学性。其二，采取分段的方式进行环保清淤。对于赶潮河段，具有潮汐水位高的特点，一旦没有完成上游的清淤工作，而下游的清淤工作已经完成，就会出现回淤的现象。其三，由于施工的难度较大，必须要调整施工组织，主动避开恶劣的天气，比如台风天和阴雨天。必须要精心组织施工流程，制订合适的施工计划，同时对各个工序进行协调组织，保证施工效率的提高。

（四）施工质量控制

1.绞吸式挖泥船施工质量控制

使用绞吸式的挖泥船，能够实现开挖的分条、分块操作。如果使用扇形横挖的挖掘方式，就要把摆动中心设置为定位桩，使左右两侧的锚与绞刀锚配合，通过横摆移动来挖泥。将分条开挖的宽度设置为船长的1.1～1.3倍，并且结合绞吸船性能参数、河道断面宽度来确定合适的开挖宽度。如果想避免漏挖的情况，就要保证分条的重叠宽度大于2m。为了控制边线和挖槽宽度，可以通过GPS定位的手段。为了提升设备的工作效率，实现环保清淤的最优化，可以对分层开挖的厚度进行控制。

2.排泥管线布设质量控制

由于该工程的施工区域有通航需求，并且具有管线长的特点，如果想提升航道的通畅性，必须要对管线沿岸进行固定。保证布设管线的长度符合要求，如果管线较长，就会对航道的通航造成影响，如果管线较短，就会导致管线移位、起锚的次数增加，从而导致挖泥船需要较长的工作时间。对水上浮管和河道进行清淤施工时，必须有警戒船，保证清淤工作的顺利开展。

三、多功能清淤船

（一）多功能环保清淤船的引进

2010年，作为水利部"948"引进国际先进水利科学技术项目，引进一艘多功能环保清淤船。该船由芬兰阿克迈克有限公司生产，具有良好的机动性和多功能性，是集绞吸疏浚、反铲疏浚、抓斗疏浚、打桩作业、清理水面油污等功能于一体、机动灵活、适于内陆河湖水环境治理的水务施工船。

1.技术规格

多功能环保清淤船配有卡特彼勒C7柴油发动机，在2000r/min时的飞轮功率为168kW，不带大臂时的运输长、宽高为10.45m、3.3m，工作时重量19t，绞刀泵挖深5.4m，液压驱动式潜水泵，叶轮直径440mm，绞刀直径600mm，排泥管直径220mm，清水流量500m^2/h，最大排距1500m，反铲挖深4.3m，自带的液压驱动螺旋桨可在水中航行，航速达4节。

2.技术特点

第一，用途广泛。有多种工作装置与之相匹配，既可用作反铲挖泥船、绞吸挖泥船，还可用作打桩船、水面及沿岸油污清理船等。

第二，灵活机动性强。由于其独特的定位桩系统及灵巧的液压设计，可依靠其后定位桩、前平衡器及挖掘臂的复合动作，在旱地上"行走"、在沼泽里"爬行"。

第三，独立作业。无需任何辅助船只，单船独立完成一个工程中各种不同的工作。它既是主体施工船舶（疏浚及打桩），必要时还可做拖轮、锚艇或交通艇，甚至起重船。无横移锚缆，适于通航水域施工。施工时，船体本身并不做横移动作，只通过液压油缸的作用使挖掘臂左右摇摆。

第四，可在极端工况下施工。在沼泽地、浅水、狭窄水域落差大的水域等极端工况下施工和"行走"，能承揽其他设备无法承揽的工程。

（二）使用方法

挖泥船施工前，利用挖泥船的铲斗沿开挖河槽两岸各布置一条控制导线，各断面设立固定的控制桩，并用不同颜色的彩旗定出河道左右开口线，以保证河道中心线偏移值不超过设计要求。施工时按照"远土近抛、近土远抛"的原则先开挖排距远的河段，后开挖排距近的河段。陆上管线应优先选择平直最短的线路，尽量避免与公路、铁路、水渠和其他建筑交叉。在排距相同的条件下，尽量多用岸管，少用水上管。当河道具备清淤条件后，通过挖泥船的液压驱动绞刀头旋转挖泥，泥水混合形成泥浆，泥浆被泥泵吸入经全封闭的排泥管道输送到排泥场，泥浆在排泥场自然沉淀后的清水经排泥场退水口排回河里。

首先，确定开挖方向。为分析水流方向对挖泥船施工效率的影响，施工过程中分别进行了顺、逆流开挖试验。结果表明，采用顺流开挖挖泥船效率较低，含沙量约为10%~12%，而逆流开挖效率较高，含沙量达12%~18%，最高达26%。顺流开挖时，由于水流压力，水上输泥管线易打弯，施工受到一定影响；逆流开挖时，管线畅通。

其次，根据泥层厚度挖槽宽度和挖泥船的自身性能确定分层、分条开挖。汾河土质较硬，一次切土层厚约0.5m，根据断面土层厚度，分多层开挖，同时考虑到开挖过程中回淤较严重，开挖时一般超过设计开挖深度0.5m，以保证挖河深度满足要求。水面以上的土体高度不宜大于4m，否则应采取措施降低其高度。多功能环保清淤船的开挖半径为8m，每条挖宽14m，每段挖6m，为避免形成欠挖土埂，在分条、分段开挖时，条与条、段与段之间应留有2~3m的搭接宽度。在开挖过程中，必须保证清淤船的稳定性，前稳定器尽可能抵住水底，后定位桩应视水深和水底的土质承载情况，将定位桩调整到合适长度抵住水底，利用大小臂以半圆的轨迹逐层向外进行开挖疏浚。

挖泥船的泥泵吸入性能取决于吸入浓度和挖深，吸入性能以真空度的形式表示，它是吸入部分总的压力损失，其最大值是1个大气压。传统挖泥船的泥泵在水上舱内是离心泵，而多功能环保清淤船的泥泵靠柴油机带动的液压驱动泵，安装在水下部分的潜水泥泵靠近绞刀头的位置，从而提高叶轮进口处的绝对压力值，使泥泵能吸入更高浓度的泥浆和减少淤泥的扩散污染。制约挖泥船生产效率的关键因素为挖泥船的吸泥系统和挖泥土层厚度，主要表现在挖掘过程中有很大的回淤量。挖泥船施工中挖深一般按超挖0.5m进行，但施工中发现，挖泥船下刀深度与挖深有一定差距，顺流开挖时进尺数米后，其回淤厚度约30~40cm（比较下刀深度），逆流开挖时其回淤厚度达50~70cm，说明无论是顺流开挖还是逆流开挖都有大量的被绞刀扰动绞起的泥沙没有通过吸泥口进入泥泵被送至排泥场，而是塌落或被水流带到吸泥口后面沉积下来。当挖泥土层过薄时，开挖吸泥效率降低，当开挖土层过厚时，会超过绞刀负荷，切割下来的泥土不易被吸尽，影响开挖质量和船挖效率。所以针对多功能环保清淤船的绞刀头和吸泥系统，施工过程中先后采取调整绞刀方向、改变绞刀切削角度、深度和加长绞刀齿、扩大吸口环吸入量、吸口处加装高压冲击水枪等方法来提高生产效率。

第四节　河湖常态化清淤要求

依据《中华人民共和国防洪法》《水利工程质量检验评定标准》和当地省市河道管理条例、当地省市城市河道建设和管理条例、当地省市市区城市河道管理养护技术要求及当地省市现行的有关技术标准，对管理范围内的河道进行常态化清淤。

（1）河床淤积不得影响河道行洪排涝功能和排水管道的排水。

（2）河床淤积平均厚度大于设计河床标高0.5m的河段应进行疏浚。

（3）河床疏浚应符合当地管理标准及要求。

（4）人工铺底或抛石的河床，应疏挖至河床护底顶部设计标高。

第五节　河湖常态化清淤措施

根据原河道施工竣工图，核对河道标高及周边环境的相对位置。在现场实地进行河道初步底泥查看，通过测量确定河床的形状及特征。进行底泥采样，分析是否超过环境质量标准及影响通航、防洪、排涝等功能。根据水深、流速、河床渗水性、河床土质等情况考虑是否设置围堰，其中土围堰、土袋围堰是河道常态化清淤常用的围堰类型，根据淤积的数量、范围、底泥的性质和周围的条件确定包含清淤、运输、淤泥处置和后续产生的水处理等主要工程环节的工艺方案。因地制宜地选择清淤技术和施工装备，妥善处理处置清淤产生的淤泥并防止二次污染的发生。

一、围堰施工措施

（一）围堰施工流程

（1）测量放样。

（2）清除河床的堰底处淤泥杂物。

（3）堆砌装土竹笼或草袋，迎水面铺太阳布。

（4）黏土填芯，往太阳布上铺一层编织袋装砂。

（5）排水。

（6）施工堰内进行河道清理。

（7）围堰拆除。

（二）围堰类型及适用条件

1.土围堰施工注意事项

（1）筑堰前，清除筑堰部位河床之上的杂物、石块及树根等。

（2）堰顶宽度可为1~2m。机械挖基时不宜小于3m。堰外边坡应水流一侧坡度宜为1∶2~1∶3，背水流一侧可在1∶2之内。堰内边坡宜为1∶1~1∶1.5。内坡脚与基坑边的距离不得小于1m。

（3）筑堰材料宜用黏性土、粉质黏土或砂质黏土，填出水面之后应进行夯实。

（4）填土自上游开始至下游合拢。

2.土袋围堰施工注意事项

（1）筑堰前，堰底河床的处理、内坡脚与基坑的距离、堰顶宽度与土围堰相同。

（2）围堰两侧用草袋、麻袋、玻璃纤维袋或无纺布袋装土堆码，袋中宜装不渗水的黏性土，装土量为土袋容量的1/2~2/3。袋口缝合，堰外边坡为1∶0.5~1∶1，堰内边坡为1∶0.2~1∶0.5。

（3）围堰中心部分可填筑黏土及黏性土芯墙。

（4）堆码土袋，自上游开始至下游合拢，上下层和内外层的土袋均相互错缝，尽量堆码密实、平稳。

（三）排水作业

（1）水泵布置在围堰内坡脚侧的集水坑和临时集水坑中（根据施工的需要水泵安装位置可适时调整）。

（2）基坑排水，估算抽水过程中围堰和基础渗水量、堰身和基坑覆盖层含水量及可能降雨量，排水时间按基坑边坡的水位允许下降速度进行控制。

（3）对基坑上游面，首先将两台离心泵安装在上游围堰后面的集水坑中，将基坑大面积水排出。

（4）进行覆盖层的开挖。覆盖层清除后，围堰内侧平台设置一截水槽，阻断外侧渗水流入滩地，同时在截水槽内侧设置一个集水坑，将阻断的渗水汇聚到集水坑中。

二、河道清淤施工措施

河道清淤施工主要分为排干清淤和水下清淤两类。

（一）排干清淤

在防洪、排涝比较差、水流量较小且不具备通航条件的河道，排干清淤可以通过在河道施工段构筑临时围堰，将河道水排干后进行干挖清理或者水力冲挖，同时清理清淤中碰到的大型、复杂垃圾。其施工状况较为直观，清淤效果比较彻底，但由于要排干河道中的水，增加了临时围堰施工的成本，且只能在非汛期进行施工，易受天气影响，对河道边坡和生态环境有一定影响。排干清淤分为直接干挖清淤和水力冲挖清淤。

1.直接干挖清淤

干挖清淤彻底，河床清淤质量易于保证，对设备、技术要求不高，清理的淤泥含水率低，方便后续处理。

（1）施工作业区域选择合适的围堰施工及排水作业。

（2）采用挖掘机对河道进行河床开挖，直至清理到河道清淤的标准。

（3）将挖出的淤泥直接由渣土车外运，或者放置于岸上的临时堆放点。倘若河道有一定宽度，施工区域和堆积淤泥堆放点之间有一定距离，应设中转设备将淤泥转运到岸上的淤泥堆积场。

（4）清理出来的淤泥、垃圾装车外运。

（5）恢复河道正常使用。

2.水力冲挖清淤

水力冲挖清淤使用的器具简单，输送方便，施工成本低，但施工形成的泥浆浓度低，不方便后续处理，施工环境也比较恶劣。

（1）采用围堰作业，将作业区进行围堰处理。

（2）在围堰范围内的水进行排水作业。

（3）采用水力冲挖机组的高压水枪冲刷底泥，将底泥扰动成泥浆，流动的泥浆汇集到事先设置好的低洼区。

（4）由泥泵吸取、管道输送，将泥浆输送至岸上的堆积场或集浆池内。

（5）清理出来的淤泥、垃圾装车外运。

（6）恢复河道正常使用。

（二）水下清淤

水下清淤是将清淤设备安装在船上，由清淤船作为施工平台在水面上操作清淤设备，进行淤泥开挖，通常适用于通航河道。通过管道输送系统将淤泥输送到岸上的堆积场地。水下清淤主要分为抓斗式清淤、泵吸式清淤、绞吸式清淤、斗轮式清淤4类。

1.抓斗式清淤

抓斗式清淤适用于开挖泥层厚度大、施工区域内障碍物多的河道，具有操作灵活机动，不受河道内垃圾、石块等障碍物影响的特点，适合开挖较硬土方或夹带较多杂质垃圾的土方，且施工工艺简单，设备容易组织，施工过程不受天气影响。但抓斗式挖泥船对极松软的底泥敏感度差，开挖中容易产生掏挖河床下部较硬的地层土方，从而遗留大量表层底泥，易产生浮泥遗漏、扰动底泥，清淤效果不佳。

（1）利用抓斗式挖泥船开挖河底淤泥和沉底垃圾，通过抓斗式挖泥船前臂抓斗伸入河底。

（2）利用油压驱动抓斗伸入底泥并闭斗抓取水下淤泥和沉底垃圾。

（3）提升回旋并开启抓斗，将抓取的淤泥直接卸入靠泊在挖泥船舷旁的驳泥船中。

（4）开挖、回旋、卸泥，如此循环作业。

（5）清理出来的淤泥通过驳泥船运输至淤泥堆积场。

（6）从驳泥船上卸淤泥仍然需要使用岸边抓斗，将驳船上的淤泥移至岸上的淤泥堆积场中。

2.泵吸式清淤

泵吸式清淤适用于泥层厚度较小的河道，泵吸式清淤的装备相对简单，可以配备中小型的船只和设备。一般情况下容易将大量河水吸出，造成后续泥浆处理工作量的增加，容易造成吸泥口堵塞。

（1）泵吸式清淤将水力冲挖的水枪和吸泥泵同时装在一个圆筒状罩子里，由水枪喷射出水将底泥搅动成泥浆。

（2）通过另一侧的泥浆泵将泥浆吸入，再经管道送至岸上的淤泥堆积场。

（3）整套机具设备都装备在船只上，一边移动一边清除。

另一种泵吸法：利用压缩空气为动力进行吸入排出淤泥的方法，将圆筒状下端有开口泵筒的一侧在重力作用下沉入水底，陷入河床底泥。在泵筒内施加负压，软泥在水的静压和泵筒的真空负压下被吸入泵筒。通过压缩空气将筒内淤泥压入排泥管，淤泥经过排泥阀、输泥管最终输送至运泥船上或岸上的淤泥堆积场。

3.绞吸式清淤

绞吸式清淤适用于泥层厚度大的河道。绞吸式清淤是挖、运、吹一体化施工的过程，采用全封闭管道输泥，不会产生泥浆散落或泄漏。在清淤过程中不会对河道通航产生影响，施工不受天气影响，同时采用GPS和回声探测仪进行施工控制，可提高施工精度。绞吸式清淤由于采用螺旋切片绞刀进行开放式开挖，容易造成底泥中污染物的扩散，同时也会出现较为严重的回淤现象。

（1）绞吸式清淤通过绞吸式挖泥船配备浮体、绞刀、上吸管、下吸管泵、动力系统等组成进行作业。清淤船上通过模拟动画，可直观地观察清淤设备的挖掘轨迹，通过高程控制挖深指示仪和回声测深仪，精确定位绞刀深度和挖掘精确度。

（2）利用装在船前的前缘绞刀的旋转运动，将河床底泥进行切割和搅动，并进行泥水混合，形成泥浆。

（3）利用船上离心泵产生的吸入真空，使泥浆沿着吸泥管进入泥泵吸入端，经全封闭管道（排距超出挖泥船额定排距后，中途串接接力泵船加压输送）输送至指定淤泥堆积场。

4.斗轮式清淤

斗轮式清淤比较适合开挖泥层厚、工程量大的河道，是工程清淤常用的方法。利用装在斗轮式挖泥船上的专用斗轮挖掘机开挖水下淤泥，开挖后的淤泥被挖泥船上的大功率泥泵吸入并进入输泥管道，经全封闭管道输送至指定淤泥堆积场。清淤过程不会对河道通航产生影响，施工不受天气影响，且施工精度较高。斗轮式清淤在清淤工程中会产生大量污染物扩散，逃淤、回淤情况严重，淤泥清除率在50%左右，清淤不够彻底，容易造成大面积水体污染。

（1）利用装在斗轮式挖泥船上的专用斗轮挖掘机开挖水下淤泥。

（2）清淤船上通过模拟动画，可直观地观察清淤设备的挖掘轨迹；通过高程控制挖深指示仪和回声测深仪，精确定位绞刀深度和挖掘精确度。

（3）开挖后的淤泥被挖泥船上的大功率泥泵吸入并进入输泥管道，经全封闭管道输送至指定淤泥堆积场。

（三）淤泥处置

淤泥处置是根据淤泥成分利用渣土运输车采取车内垫防水布及半包围式运输，运送至淤泥堆积场，或利用泥浆槽罐车运送到指定点。根据有无污染进行无污染淤泥与污染淤泥的处理。

1.堆积场处理与就地处理

堆场处理：将淤泥清淤出来后，输送到指定的淤泥堆积场进行处理。

就地处理：直接在水下对底泥进行覆盖处理或者先排干上覆水体，然后进行脱水、固化或物理淋洗处理。

2.资源化利用与常规处置

淤泥从本质上来讲属于工程废弃物，按照固体废弃物处理的减量化、无害化、资源化原则，应尽可能对淤泥考虑资源化利用。当淤泥中含有的污染无法降解时，应采用措施降低其污染后进行安全填埋，并需相应做好填埋场的防渗设置。

第六节　河湖常态化清淤的安全、文明作业要求

一、安全作业要求

（1）施工前要准备好安全牌、安全禁令牌、施工牌，以及各管理物品、工具、消防用具有序放置。

（2）在清淤过程中，防止扰动和扩散，不造成水体的二次污染，降低水体的浑浊度，控制施工机械的噪声，不干扰居民正常生活。

（3）淤泥堆弃场要远离居民区，防止途中运输产生二次污染。

二、文明作业要求

（1）河道清淤施工中做好日常清洁工作，淤泥按指定地点弃放，不污染堆泥场的环境。

（2）运输渣土过程中采取有效的措施，防止出现"滴、洒、漏"现象。

（3）河道清淤中尽量避免扰民时间段。

（4）渣土泥浆运输车走指定路线，篷布覆盖，车厢封闭。

参考文献

[1]董永立.城市生态水利规划研究[M].长春：吉林科学技术出版社，2021.

[2]董哲仁.生态水利工程学[M].北京：中国水利水电出版社，2019.

[3]崔丽君.水利工程生态环境效应研究[M].长春：吉林科学技术出版社，2022.

[4]杨念江，朱东新，叶留根.水利工程生态环境效应研究[M].长春：吉林科学技术出版社，2022.

[5]王煜，彭少明，尚文绣等.大型水利枢纽工程生态效益评估关键技术[M].北京：中国水利水电出版社，2021.

[6]吴芳，程实.河道护岸工程技术[M].郑州：黄河水利出版社，2019.

[7]刁艳芳.河道生态治理工程[M].郑州：黄河水利出版社，2019.

[8]韩奇，陈晓东，张荣伟.城市河道及湿地生态修复研究[M].天津：天津科学技术出版社，2020.

[9]纪道斌.城市河道生态修复技术手册[M].北京：中国水利水电出版社，2021.

[10]王笑峰，姜宁，褚丽丽等.河道生态护坡理论与技术[M].北京：中国水利水电出版社，2018.